职业教育"十三五"规划教材

中高职衔接特色规划教材

Photoshop CC 图形图像处理

项目化教程（翻转课堂）

吴海棠　主　编

张　荣　刘文娜　朱国元　副主编

李志军　李　滔　参　编

中国铁道出版社有限公司

CHINA RAILWAY PUBLISHING HOUSE CO., LTD.

内容简介

本书以 Photoshop CC 2017 为平台，以项目引领任务驱动的方式，系统介绍了图形图像处理的实用操作技能。

本书共分 7 个项目，21 个任务。每个任务分为课前学习工作页和课堂学习任务，学生可以在课前学习工作页中通过扫描二维码观看相关教学视频，掌握相关知识点，并通过课前练习题检测课前自学效果。课堂学习任务选用大量实际案例，详细讲述了 Photoshop CC 2017 在选区、绘图、照片处理、合成、滤镜、文字等方面的应用。

本书适合作为职业院校计算机应用技术、数字媒体技术、现代教育技术、动漫设计等相关专业的教材，也可作为广大图像处理爱好者的自学参考用书。

图书在版编目（CIP）数据

Photoshop CC 图形图像处理项目化教程 . 翻转课堂 /
吴海棠主编 . 一北京：中国铁道出版社，2018.11（2022.8 重印）
职业教育"十三五"规划教材
ISBN 978-7-113-24688-4

Ⅰ. ① P… Ⅱ. ①吴… Ⅲ. ①图象处理软件 – 职业教育 – 教材 Ⅳ. ① TP391.413

中国版本图书馆 CIP 数据核字（2018）第 179363 号

书　　名：Photoshop CC 图形图像处理项目化教程（翻转课堂）
作　　者：吴海棠

策　　划：韩从付	编辑部电话：	（010）51873202

责任编辑：刘丽丽　李学敏
封面设计：穆　丽
责任校对：张玉华
责任印制：樊启鹏

出版发行：中国铁道出版社有限公司（100054，北京市西城区右安门西街 8 号）
网　　址：http://www.tdpress.com/51eds/
印　　刷：国铁印务有限公司
版　　次：2018 年 11 月第 1 版　　2022 年 8 月第 3 次印刷
开　　本：787 mm×1 092 mm　1/16　印张：12.5　字数：194 千
书　　号：ISBN 978-7-113-24688-4
定　　价：45.00 元

编 委 会

《国家中长期教育改革和发展规划纲要（2010—2020年）》提出，要建立中高职协调发展的现代职业教育体系。《教育部关于推进中等和高等职业教育协调发展的指导意见》进一步提出，中高等职业教育应该"实施衔接，系统培养高素质技能型人才"。随着中国经济增长方式的转变，产业结构的调整，社会经济发展对人才需求结构的改变，人才需求趋向高层次已成为事实，经济的发展对职业技术教育提出了新的要求。在大力发展高等职业技术教育的同时，如何做好中、高职之间的衔接已经成为关系到职业教育能否健康发展的重要而迫切的问题。

目前，中高职衔接方面还存在着一些问题，尤以课程衔接问题最为突出，其主要表现在两个方面：一是课程内容重复，目前国家还没有制定统一的不同层次职业教育课程标准，中职学校和高职院校各自构建自己的专业课程体系，确定课程教学内容，中高职院校之间缺少有效的沟通，造成一些专业课程在中高职阶段内容重复。二是技能训练重复，在专业技能培养方面，高职与中职理应体现出层次内涵上的差异，然而在实际情况中，不少高职院校技能训练定位低，中职学生升入高职后，有些实践训练项目与中职相差不多，存在重复训练的现象。

基于以上问题，我们编写了中高职衔接特色规划丛书。本丛书先期包括《Photoshop CC项目化翻转课堂教程》（高职）、《数据库技术及应用翻转课堂》（高职）、《Access 2010数据库应用技术项目化教程（翻转课堂）》（中职）和《Photoshop CC图形图像处理项目化教程（翻转课堂）》（中职）。丛书首先对中高职教材在内容上依据培养定位（目标）、培养模式进行了界定：中职教育强调的是有一技之长，其核心是强调培养实用型、技能型、操作型人才；高职的目标定位应该表现出高层次性，强调培养应用型、管理型和高级技能型人才，要比中职教育有更深、更广的专业理论，更新更高的技术水平，以及广泛的适应性，特别是要有更强的综合素质与创新能力。根据不同阶段的培养目标定位，中职教材重基础，强应用，让学生初步建立职业概念；高职教材重能力，强创新，让学生基本形成职业能力与持续发展观念。按照中高职不同层次，围绕岗位等级由低向高，体现职业能力教育和终身发展递进式的课程内容与职业标准有效衔接的课程体系。

本丛书适合于数据库系统设计与开发和平面设计人员阅读，也可作为职业院校计算机专业及相关专业的教材及教学参考材料，以及对数据库、图像处理或平面设计领域感兴趣的读者阅读。

本丛书在出版过程中不但得到了职教领域很多计算机专家的指导，也得到了企业的支持。本丛书的完成不但依靠全体作者的共同努力，同时也使用了许多企业的真实案例，在此一并致谢。

本丛书如有不足之处，请各位专家、老师和广大读者不吝指正。

编委会

2018 年 6 月

前　言

　　Photoshop 是 Adobe 公司旗下最为出名的图像处理软件之一，其功能强大，易学易用，被广泛应用于平面设计、广告摄影、影像创意、照片处理、网页和移动端界面设计、包装装潢、网店装修等诸多领域，深受广大图像处理爱好者和平面设计人员的喜爱。鉴于此，我们认真总结了已有 Photoshop 教材的编写经验，深入调研了企业对 Photoshop 技能人才的需求，与企业合作共同开发了相关企业真实项目，并编写了本教材。

　　本书把知识点项目化，共分 7 个项目，21 个任务。全书采用翻转课堂的教学模式，每个任务分为课前学习工作页和课堂学习任务，学生可以在课前学习工作页，扫描二维码观看相关教学视频，掌握相关知识点，并通过课前练习题检测课前自学效果。课堂学习任务选用大量实际案例，在引导学生完成综合性任务的步骤中，详细讲述了Photoshop 在选区、绘图、照片处理、合成、滤镜、文字等方面的应用，并在能力拓展模块让学生课外完成其他相关任务。最后，每个项目结束后让学生进行效果展示并完成项目评估表，实现自评、互评和教师评价，从而实现翻转课堂的教学。本书涉及的素材文件请在 http://www.tdpress.com/51eds/ 下载。

　　本书由东莞职业技术学院吴海棠任主编，张荣、刘文娜、朱国元任副主编，李志军、李滔参与了编写。其中，项目一由朱国元编写，项目二由张荣编写，项目三由吴海棠编写，项目四由李志军编写，项目五由李滔编写，项目六、项目七由刘文娜编写，全书由吴海棠统稿和定稿。本书在编写的过程中得到了东莞市酷吧网络技术有限公司、东莞奇风网络科技有限公司、东莞市百达连新电子商务有限公司、鲸鱼公园照相馆等的鼎力支持，他们提供了大量的企业真实项目，也非常感谢袁亮经理、欧亚洋总监、刘庆文设计师等同志共同协作编写了本教材，同时，本书的编写也得到了很多同事的大力支持，本书内容所涉及的公司及个人名称、作品创意、图片和商标素材等均已获得原公司或个人的授权，在此一并表示衷心的感谢。

　　鉴于编者水平有限、时间仓促，书中难免有不妥与疏漏之处，敬请读者批评指正。

编　者
2018 年 5 月

目 录

图像抠取

项目导读

抠图是图像编辑的基础，不论是照片修饰，还是平面设计，只要用到素材，就离不开抠图。在实际工作当中，需要进行抠图的图像有很多种，也有很多种方法，如魔棒、通道、蒙版、套锁等。

无论采用什么样的方法，其实也都是尽量让图与背景的边缘更清晰，更方便分离出来，以便获得想要的图形。所谓 Photoshop 抠图，就是将要与不要的图形区分开，也可以说：抠图的本质是图像分离，为图像合成做准备。

项目目标

知识目标	技能目标	职业素养
➤ 掌握选区、路径、通道的相关知识 ➤ 掌握选区抠图 ➤ 学习路径抠图，通道抠图	➤ 利用选区抠取出图像 ➤ 利用路径抠取出图像 ➤ 利用通道抠取出图像	➤ 自主学习能力 ➤ 团队协作能力

项目任务

任务一：选区抠图

任务二：路径抠图

任务三：通道抠图

任务一 选 区 抠 图

 课前学习工作页

1. 扫一扫二维码观看相关视频，并完成下面的题目。

Photoshop 界面简介

创建选区的工具

选区的编辑

（1）在 Photoshop 中，（　　　）可以用来选取不规则的并与背景反差大的图像。

    A."矩形选框工具"　　　　　　　　　B."磁性套索工具"

    C."多边形套索工具"　　　　　　　　D."套索工具"

（2）下面对"魔棒工具"描述正确的是（　　　）。

    A.魔棒常用于复杂背景图片的选择

    B.魔棒只能作用于当前图层

    C.在魔棒选项调板中容差数值越大选择颜色范围也越大

    D.在魔棒选项调板中，选择范围是固定无法改变的

（3）使用（　　　）命令可按特定数量的像素扩展选区。

    A."编辑"｜"变换"｜"选区"　　　　B."选择"｜"修改"｜"选区"

    C."选择"｜"修改"｜"扩展"　　　　D."编辑"｜"修改"｜"扩展"

（4）在 Photoshop 中，使用魔棒工具加选区域要按住（　　　）键。

    A.【Shift】　　　　B.【Alt】　　　　C.【Ctrl】　　　　D.【Tab】

（5）快速选择工具创建选区的模式不包括（　　　）。

    A.与选区交叉　　　　　　　　　　　B.新选区

    C.添加到选区　　　　　　　　　　　D.从选区中减去

2. 完成下列操作：

（1）打开一张风景图片，以某个建筑物为参照用"套索工具"创建选区。

（2）打开一张背景单一的人物图片，以某个人物为参照用"快速选择工具"创建选区。

（3）打开一张前景和后景有明显差别的图片，以某物为参照物用"魔棒工具"创建选区。

课堂学习任务

某工作室已经设计好了某留学服务公司的主页，在交收的时候某公司的验收人觉得网页如果能把气质符合本公司形象的模特添加到主页当中，会更突出本公司的特色从而让别人印象更深刻。现在工作室要把某公司给出的模特照片经过处理插入到已经初步设计好的网页模板当中。最终的设计效果图如图 1-1 所示。

图 1-1　网页设计效果图

学习重点和学习难点

学习重点	用"套索工具""魔棒工具""快速选择工具"创建选区
学习难点	调整选区

任务实施

1. 照片的筛选

由于该主页是某留学服务公司的网页，设计上多选一些具有青春活力的学生模特，明确该公司的服务对象，让人一目了然。

因为该留学服务公司给了很多模特的照片，比较杂乱，需要先通过预览筛选出合适的照片。在照片的挑选中，要尽量选择背景和人物反差较大且符合该公司形象的照片。

2. 照片抠图

在网页中添加模特

01 打开自己选好的模特照片，在"图层"面板中单击指示图层部分锁定按钮 🔒 解除锁定，并重命名图层为"人物"，如图 1-2 所示。

图 1-2　解除图层锁定

02　单击"图层"面板右下角的创建图层按钮 ⊡ 新建一个空白图层，并设置前景色为 #ff000，按【Alt+Delete】组合键填充新图层，重命名新图层为"背景"并移动该图层到"人物"图层下方，如图 1-3 所示。

图 1-3　新建图层

03　用"快速选择工具"和"魔棒工具"选中背景部分创建选区，如图 1-4 所示。

图 1-4 "快速选择工具"和"魔棒工具"创建选区

04 单击属性栏中 选择并遮住… 按钮创建或调整选区，通过 ⊕ 按钮添加到选区或 ⊖ 按钮从选区中减去让选区更贴合人物，调整完成后单击右下角的"确定"按钮，如图 1-5 所示。

图 1-5 创建或调整选区

图 1-5　创建或调整选区（续）

05 按【Delete】键删除选区中的背景，观察抠出的人物是否达到要求，若未达到要求则重复调整选区直到满意为止，如图 1-6 所示。

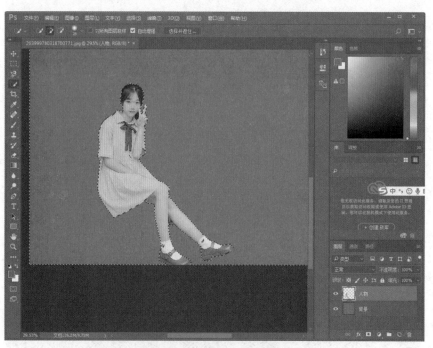

图 1-6　重复调整选区

3. 把抠出的人物放到网页模板中

01 启动 Photoshop CC 2017 软件，打开素材文件"网页模板 .psd"，如图 1-7 所示。

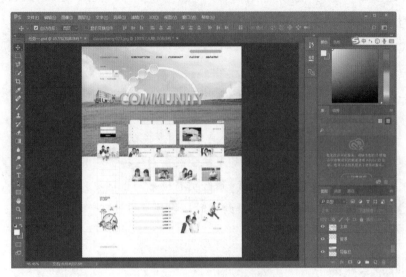

图 1-7　打开素材文件

02 把抠出的模特图层复制到素材文件中，调整模特的位置，如图 1-8 所示。

图 1-8　复制图层

小 贴 士

1. 选区的加选 (当使用"魔棒工具""套索工具""选框工具"时按住【Shift】键可进行选区的加选)。

2. 选区的减选 (当使用"魔棒工具""套索工具""选框工具"时按住【Alt】键可进行选区的减选)。

3. 选区的交叉选择 (同时按住【Shift+Alt】组合键来进行选区的交叉选择)。

4. 全选 (【按 Ctrl+A】组合键可选择整个画布)。

5. 取消选区 (按【Ctrl+D】组合键可取消所有选区)。

6. 重新选择 (按【Ctrl+Shift+D】组合键重新选择上次的选区)。

7. 反向选择 (【按 Ctrl+Shift+I】组合键将选区与选区之外的区域进行调换)。

8. 移动选区 (在使用选区工具绘制时，按住空格键即可移动选区)。

 能 力 拓 展

请为"网页模板 .psd"添加更多模特，原图和效果图的对比图如图 1-9 所示。

（a）原图

图 1-9　对比图

（b）效果图

图1-9　对比图（续）

任务二　路径抠图

课前学习工作页

1. 扫一扫二维码观看相关视频，并完成下面的题目。

路径的创建及工具　　　　路径编辑　　　　路径与选区的转换

（1）下面关于路径的描述不正确的是（　　　）。

　　A.形状被保存在"路径"调板的形状图层中

　　B.路径和形状的创建与编辑方法完全相同

　　C.路径被保存在"路径"调板中

　　D.路径本身不会出现在将来输出的图像中

（2）下面关于路径的描述正确的是（　　　）。

　　A.利用"铅笔工具"可创建路径

　　B.不能对路径进行填充

C. 删除路径后方可建立选区

D. 可将当前选区转换为选区

（3）下面选项中图层剪贴路径所不具有的特征是（　　　　）。

A. 相当于一种具有矢量特性的蒙版

B. 和图层蒙版具有完全相同的特性，都是依赖于图像的分辨率

C. 可以转化为图层蒙版

D. 是由"钢笔工具"或"图形工具"来创建的

（4）使用（　　　）可以移动某个锚点的位置，并可以对锚点进行变形操作。

A. 钢笔工具　　　　　　　　　　B. 路径直接选择工具

C. 添加锚点工具　　　　　　　　D. 自由钢笔工具

（5）在 Photoshop 中，要复制并新建一个图层要按住（　　　）键。

A.【Shift+J】　　　　　　　　　B.【Alt+ J】

C.【Ctrl+ J】　　　　　　　　　D.【TAB+ J】

2. 完成下列操作：

打开模特图片，观察图片中需要抠出的主角和背景的差异度。

 课堂学习任务

小张毕业后自己开了一个照相馆，偶尔需要将顾客提供的自拍照片利用路径工具选择背景中的人物图像，合成新的证件照。最终效果如图 1-10 所示。

图 1-10　证件照效果图

学习重点和学习难点

学习重点	利用钢笔工具进行选图
学习难点	选图过程中的路径调整

任务实施

合成证件照

01 新建一个宽 2.5 cm，长 3.5 cm，分辨率为 300 像素，背景为红色的背景文件，打开"自拍照"素材，如图 1-11 所示。

图 1-11　打开素材文件

02 选取"钢笔工具"，激活属性栏中的"钢笔"按钮，将光标放置在要抠选的人物边缘上，单击添加第一个控制点，依次添加其他控制点，以达到一个完整的闭合工作路径，如图 1-12 所示。

图 1-12　用"钢笔工具"抠选人物

03 为了使人物抠像边缘更加柔和，继续使用"添加锚点工具"和"转换点工具"，对人物边缘进行细化，以达到柔和效果，如图 1-13 所示。

图 1-13　人物边缘细化

04 单击 中的"选区"按钮将路径转换成选区，如图 1-14 所示。

图 1-14　将路径转换成选区

05 单击属性栏中的 按钮创建或调整选区，通过 按钮添加到选区或 按钮从选区中减去，让选区更贴合人物。调整完后单击右下角的"确定"按钮，并按下

【Ctrl+J】组合键复制选区图层，隐藏"自拍照"图层以观察抠图效果，若不满意可重复以上操作，直到满意，然后选中所有图层，按【Ctrl+E】组合键合并所有图层，如图 1-15 所示。

图 1-15　调整抠图效果

06 重新新建一张 11.6×7.8 cm 的画布，并将像素设置为 300，背景色为白色，并选择"移动工具"，将相片移动至新画布的左上角位置，如图 1-16 所示。

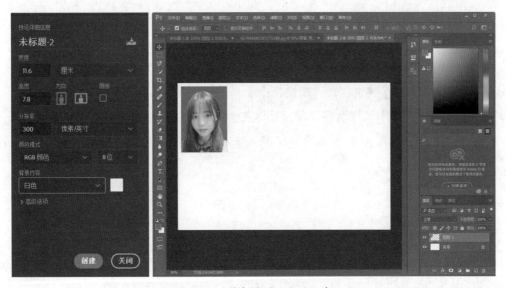

图 1-16　将相片移至新的画布

07 选择新的画布，按住【Alt】键，并单击相片移动至旁边位置，便复制了一张相片，重复 3 次操作，复制 8 张一模一样的相片，并排好版面，如图 1-17 所示。

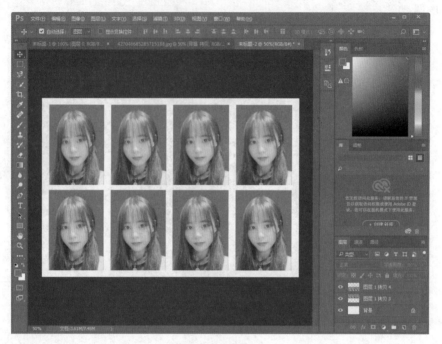

图 1-17 复制相片

小 贴 士

转换点工具：

1. 按住【Shift】键拖动其中一个锚点的调节手柄，可以强制手柄以 45°角或 45°角的倍数进行改变。

2. 按住【Alt】键可以任意改变两个手柄中的一个，而不会影响另一个手柄。

3. 按住【Alt】键拖动路径段，可以复制路径。

4. 按住【Ctrl】键，当鼠标经过锚点时，转换点工具将暂时性地切换成直接选择工具

能力拓展

练习把另外一对顾客的照片利用路径工具选择背景中的人物图像，然后将其移动到场景中，合成新的图像效果，图 1-18 是合成婚照处理前后对比图。

（a）原图　　　　　　　　　　　　　　　（b）效果图

图 1-18　合成婚照处理前后对比图

任务三　通道抠图

课前学习工作页

1. 扫一扫二维码观看相关视频，并完成下面的题目。

初始通道　　　　　　　　通道编辑　　　　　　　用通道创建选区

（1）一个 CMYK 模式的彩色图像包括通道数是（　　　）个。

　　A. 3　　　　　　　　B. 4　　　　　　　　C. 5　　　　　　　　D. 2

（2）下面对通道的描述不正确的是（　　　）。

　　A. 在图像中除了内定的颜色通道外，还可生成新的 Alpha 通道

　　B. 可将通道复制到位图模式的图像中

　　C. 可以将多个灰度图像合并为一个图像的通道

　　D. 当新建文件时，颜色信息通道已经自动建立了

（3）不属于 RGB 模式的彩色图像的通道是（　　　）通道。

　　A. 蓝　　　　　　　　B. 红　　　　　　　　C. 青色　　　　　　　　D. RGB

（4）在 Photoshop 中，要将通道反相需要按（　　　）键。

　　A.【Shift+I】　　　　B.【Alt+I】　　　　　C.【Ctrl+I】　　　　　D.【Tab+I】

（5）RGB 模式的彩色图像的通道是（　　　）四通道。

　　A. RGB. 红 . 青 . 蓝　　　　　　　　　　　　B. RGB. 红 . 黄 . 蓝

　　C. RGB. 红 . 绿 . 蓝　　　　　　　　　　　　D. RGB. 红 . 绿 . 黄

2. 完成下列操作：

（1）RGB 模式的图像，是以红绿蓝三原色的数值来表示的；而在通道中，一张 RGB 模式的图，无非就是将图片的各个颜色以单色的形式分别显示在通道面板上，而且每种单色都将记录每一种颜色的不同亮度，再简单点说：通道中，只存在一种颜色（红绿蓝）的不同亮度，是一种灰度图像。在通道里，越亮说明此颜色的数值越高，正是这一特点，所以，我们可以利用通道亮度的反差进行抠图，因为它是选择区域的映射。除此之外，还可以将做好的选区保存到通道上。

（2）通道抠图也是我们在抠图中经常用到的方法，使用通道抠图，主要利用图像的色相差别或者明度差别，配合不同的方法给图像建立选区。

（3）在通道里，白色代表有，黑色代表无，它是由黑、白、灰三种亮度来显示的，也可以这样说：如果想将图中某部分抠下来，即做选区，就在通道里将这一部分调整成白色。

课堂学习任务

在本任务中，我们将选取一个长发女孩添加到背景图片中，为游戏"曙光"制作一份精美海报。由于素材是逆光的照片，人物又是站在窗口处，因此，人物身体的轮廓比较清晰，但女孩子长发的边缘却非常明亮，有一部分头发的发梢更是融入了背景中。如何有效将头发与背景区分开来，进而制作出精确的选区是本任务的重点。最终效果如图 1-19 所示。

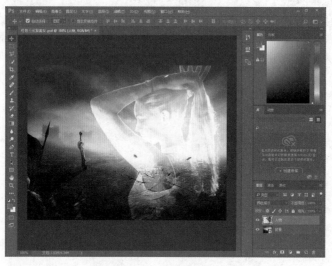

图 1-19　海报效果图

学习重点和学习难点

学习重点	用色阶的方法调整图片的亮度对比
学习难点	寻找图像背景和前景色色相差别比较明显的通道

任务实施

海报制作

1. 在相同的通道中使用"应用图像"命令

01 打开素材，在通道面板中查看红、绿和蓝通道。比较这三个通道可以看到（见图 1-20），绿色通道中人物与背景区别最明显，而蓝色通道中头发的边缘最清晰，因此使用绿色通道制作人物的选区，用蓝色通道制作发梢的选区。

（a）红色通道

（b）绿色通道

图 1-20　通道

（c）蓝色通道

图 1-20　通道（续）

02 复制绿色通道。由于要选取的是人物，而在通道中白色的区域可载入为选区，因此，按下【Ctrl+I】组合键将通道反相，如图 1-21 所示。

图 1-21　复制绿色通道

03 执行"图像"|"应用图像"命令，弹出"应用图像"对话框，将混合模式设置为"颜色减淡"，增加亮调域的对比度，如图 1-22 所示。

图 1-22 "应用图像"对话框

04 执行"应用图像"命令，各项设置不变，仍然是将"绿副本"通道与其自身混合。通过两次使用"应用图像"命令处理"绿副本"通道后，人物的大部分区域已经呈现白色，轮廓也变得很清晰了，如图 1-23 所示。

图 1-23 再次使用"应用图像"命令

2. 在通道中处理背景

01 背景部分虽然看似复杂，但仔细观察可以发现，靠近人物身体边缘的背景色基本为黑色，因此，人物与背景的色调对比还是比较清晰，要将背景全部设置为黑色并不困难。选择"矩形选框工具"，在人物两侧的背景上创建两个选区，在选区内填充黑色，如图 1-24 所示。

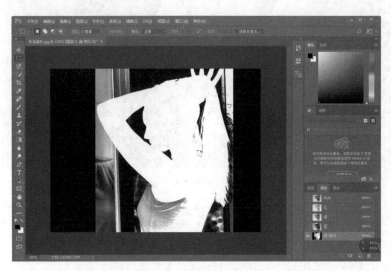

图 1-24　设置背景为黑色

02 按【X】键将前景色设为黑色，选择一个柔角画笔工具，在工具选项栏中将模式设置为"叠加"，将灰色的背景涂抹为黑色。按【D】键将前景色切换为白色，在人物上涂抹白色，使人物上的灰色区域变为白色，如图 1-25 所示。

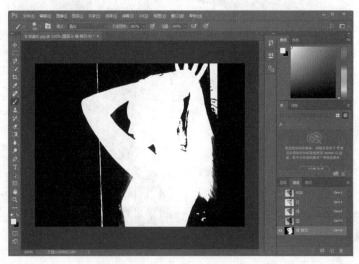

图 1-25　设置前景色

03 将"画笔工具"的模式设置为"正常",对通道进行加工,将背景全部涂抹为黑色,将人物内部的一些零星的斑点涂抹为白色。为了避免出现模糊的边缘,可以使用尖角画笔进行绘制,如图1-26所示。

图1-26　加工通道

3. 在不同的通道中使用"应用图像"命令

01 按住【Ctrl】键并单击"绿副本"通道,载入制作的选区,按下【Ctrl+~】组合键返回彩色图像状态,选中原图按【Ctrl+J】组合键复制创建选区图层。可以看到头发的细节部分并未在选区内,如图1-27所示。在最开始进行通道间的比较时我们曾发现,蓝色通道中头发细节最完整,就通过该通道将丢失的头发细节找回来。复制蓝色通道。

图1-27　复制创建选区图层

02 选择"多边形套索工具"，将头发的发梢部分选取。按【Shift+Ctrl+I】组合键反转选区，在选区内填充黑色，取消选择，如图 1-28 所示。

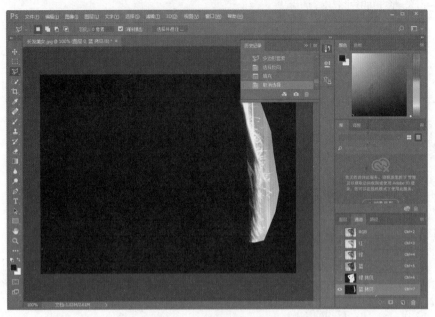

图 1-28　选取发梢选区

03 选择"画笔工具"，在工具选项栏中将模式设置为"叠加"，将前景色设置为黑色，在头发的边缘处拖动涂抹，将发梢处的背景处理为黑色，将工具的模式设置为"正常"，对边缘进行进一步的修饰，如图 1-29 所示。

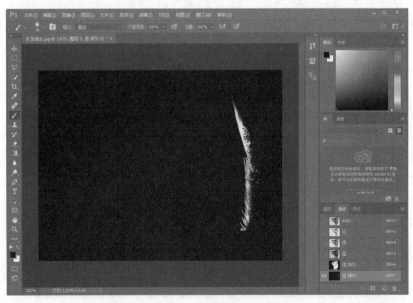

图 1-29　设置发梢处背景色

04 执行"应用图像"命令，在"通道"下拉列表中选择"绿拷贝"通道，将"混合"设置为"相加"。将"绿拷贝"通道中的选区加入到"蓝拷贝"通道中，如图1-30所示。

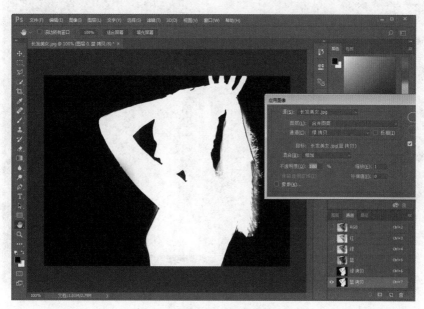

图 1-30 "应用图像"对话框

05 从图中的两个通道相加结果中可以看到，头发上出现了一条深灰色的痕迹，选择"画笔工具"，将工具的模式设置为"正常"，用白色涂抹该处，将痕迹覆盖，如图1-31所示。

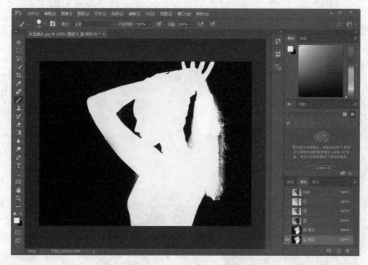

图 1-31 覆盖深灰色痕迹

06 按住【Ctrl】键单击"蓝拷贝"通道，载入该通道的选区，按下【Ctrl+~】组合键返回到彩色图像状态。选中原图按【Ctrl+J】复制创建选区图层。隐藏原图，抠图完成，如图 1-32 所示。

图 1-32 抠图完成

07 添加背景图片，将背景图片移动到"人物"图层下方，选中"人物"图层调整人物位置，设置图层的混合模式为"颜色减淡"，如图 1-33 所示。

图 1-33 添加背景图片

小 贴 士

　　1. 当拿到一张图片的时候，首先应该先分析，此图更适合什么样的方法来做效果更好。打开此图，经观察，可以看出图的背景和前景色的差距比较大，所以，完全可以利用通道的方法来抠图。

　　2. 分析完成，指定选用通道方案，现在开始实施，打开"通道"面板，然后在"通道"面板上对各通道进行观察，观察哪一张的背景和前景色色相相差更大。

 能力拓展

请利用通道抠出花朵，图1-34（a）为原图，（b）图为参考效果图。

（a）原图　　　　　　　　（b）效果图

图1-34　对比图

项目展示与评价

请完成下表，对作品进行展示和评估。

项目评估表

职业能力	项目完成情况	存在问题	自评	互评	教师评价
创建选区能力					
调整选区能力					
抠图能力					
创新能力					
团队协作能力					

续表

职业能力	项目完成情况	存在问题	自评	互评	教师评价
自主学习能力					
	成　绩				
	签　字				

注：评价结果用 A、B、C、D 四个等级表示，A 为优秀，B 为良好，C 为合格，D 为不合格。

项 目 小 结

　　本项目通过选区抠图的微视频详细介绍利用 Photoshop CC 2017 中选区抠图的方法，让学生在课前便可以轻松学会选区抠图，解决日常生活中的抠图问题。在课前自学过程中，通过课前练习题巩固基本操作的技术点和快捷键，带着自学中未能解决的问题到课堂，老师与学生一起解决问题。课堂上，再通过实际案例把技术操作点上升到实际应用中，让学生学以致用，真正解决工作中的设计任务。

图形绘制

项目导读

在平面设计中图形是一个重要元素，图形设计的好坏关系到作品整体的效果。在各类设计中，根据不同的主题要绘制不同的图形，而不同的图形则传达不同的内涵。如我们可以通过抽象的图形将繁杂的事物表达出来，还可以通过具象的图形表达设计者的心情、思想等。而这些都可以通过Photoshop软件中的绘图工具及图层效果来完成。下面我们就通过三个企业实际案例：个性化照片设计、动物环保手提袋设计、时尚播放器绘制，分别介绍点阵图绘制方法及技巧、矢量图绘制方法及技巧、图层效果的使用方法。通过本项目的系统学习，可以掌握抽象图形、具象图形的绘制及上色技巧、图层效果的运用方法，解决"画什么图形？怎么画图形？"的疑惑，了解不同图形绘制方法、上色方法及图层效果使用方法。

项目目标

知识目标	技能目标	职业素养
➤ 掌握图形绘制、图层效果的相关知识 ➤ 学习画笔、铅笔、渐变工具、油漆桶工具、颜色替换工具、混合器画笔工具、橡皮擦工具、背景橡皮擦工具、魔术橡皮擦工具、历史记录画笔工具、历史记录艺术画笔工具等各种图形绘制方法 ➤ 掌握点阵图形绘制的使用方法 ➤ 掌握矢量图形绘制的使用方法 ➤ 掌握图层效果的使用方法	➤ 利用绘图工具绘制点阵图形、矢量图形 ➤ 利用渐变工具、油漆桶工具等为图形上色 ➤ 利用图层效果为图形添加图形效果	➤ 自主学习能力 ➤ 团队协作能力

项目任务

任务一：个性化照片设计

任务二：动物环保手提袋设计

任务三：时尚播放器绘制

任务一 个性化照片设计

 课前学习工作页

1. 扫一扫二维码观看相关视频，并完成下面的题目。

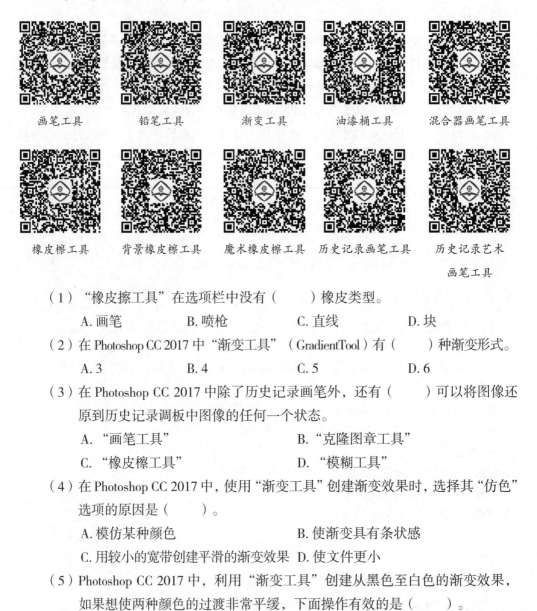

| 画笔工具 | 铅笔工具 | 渐变工具 | 油漆桶工具 | 混合器画笔工具 |

| 橡皮擦工具 | 背景橡皮擦工具 | 魔术橡皮擦工具 | 历史记录画笔工具 | 历史记录艺术画笔工具 |

（1）"橡皮擦工具"在选项栏中没有（   ）橡皮类型。

    A. 画笔   B. 喷枪   C. 直线   D. 块

（2）在 Photoshop CC 2017 中"渐变工具"（GradientTool）有（   ）种渐变形式。

    A. 3   B. 4   C. 5   D. 6

（3）在 Photoshop CC 2017 中除了历史记录画笔外，还有（   ）可以将图像还原到历史记录调板中图像的任何一个状态。

    A. "画笔工具"   B. "克隆图章工具"

    C. "橡皮擦工具"   D. "模糊工具"

（4）在 Photoshop CC 2017 中，使用"渐变工具"创建渐变效果时，选择其"仿色"选项的原因是（   ）。

    A. 模仿某种颜色   B. 使渐变具有条状感

    C. 用较小的宽带创建平滑的渐变效果   D. 使文件更小

（5）Photoshop CC 2017 中，利用"渐变工具"创建从黑色至白色的渐变效果，如果想使两种颜色的过渡非常平缓，下面操作有效的是（   ）。

    A. 使用"渐变工具"做拖动动作，距离尽可能拉长

B. 将"渐变工具"拖动时的线条尽可能拉短

C. 将利用"渐变工具"拖动时的线条绘制为斜线

D. 将"渐变工具"的不透明度降低

（6）在 Photoshop CC 2017 中利用背景橡皮擦擦除背景层中的对象，被擦除区域填充（　　）颜色。

A. 黑色　　　　　　B. 透明　　　　　　C. 白色　　　　　　D. 黄色

（7）Photoshop CC 2017 中可以根据像素颜色的近似程度来填充颜色，并且填充前景色或连续图案的是（　　）。

A. "魔术橡皮擦工具"　　　　　　　B. "背景橡皮擦工具"

C. "渐变填充工具"　　　　　　　　D. "油漆桶工具"

2. 完成下列操作：

（1）打开图片"风景素材 1.jpg"（素材文件路径：目标文件 \ 项目 02\ 任务 1\ 课前学习工作页 \ 风景素材 1)，利用颜色替换工具，将图中蓝色的湖换为紫色。

（2）打开图片"风景素材 2.jpg"（素材文件路径：目标文件 \ 项目 02\ 任务 1\ 课前学习工作页 \ 风景素材 2)，利用混合器画笔，将图中蓝色的湖边缘处理柔和一些。

（3）打开图片"静物素材 .jpg"（素材文件路径：目标文件 \ 项目 02\ 任务 1\ 课前学习工作页 \ 静物素材)，利用魔术橡皮擦工具，将图中杯子后面背景擦除。

（4）打开图片"花 .jpg"（素材文件路径：目标文件 \ 项目 02\ 任务 1\ 课前学习工作页 \ 花)，利用历史记录艺术画笔，为静物中花增添一些艺术的笔触。

课堂学习任务

最近，设计组员们常常为一件事情烦恼，那就是寻找合适的设计素材。组员们在给一对年轻的夫妻设计个性化产品时，找遍各种渠道都没有找到合适的素材。为此，组员们萌发自己 DIY 素材的想法，利用 Photoshop CC 2017 软件中的绘图工具、画笔工具及渐变、油漆桶等工具绘制出年轻人喜欢的图案，这样的方式也许更能得到年轻群体的喜爱。个性化设计的照片效果如图 2-1 所示。

图 2-1　个性化照片设计效果

学习重点和学习难点

学习重点	画笔、铅笔、渐变工具、油漆桶工具、颜色替换工具、混合器画笔工具、橡皮擦工具、背景橡皮擦工具、魔术橡皮擦工具、历史记录画笔工具、历史记录艺术画笔工具
学习难点	根据客户要求，设计 DIY 图案，使照片更加具有个性美

任务实施

个性化照片制作

1. 照片筛选

虽然照片都是可以进行处理的，但是并不是每一张照片都适合 DIY 做个性化的照片设计，所以在设计之前，团队组员先对年轻夫妻的照片做了一次筛选，在筛选的过程中，组员发现一些特写镜头的照片是非常有意思的，所以考虑将点阵图形绘制在特写照片上，如人物的嘴唇上等，这样使得照片更富艺术感。

选择 DIY 素材照片时，尽量选一些特色、能够与组员设计点阵图形能够完美结合的素材，这样的效果会更好。

2. 照片调色

由于客户给的照片都是没有修过的，所以组员拿到照片后还是需要适当调整，如利用"曲线""亮度对比度""色彩平衡"等工具对照片进行适当地调亮、调色，这样的素材与绘制的图形才能更完美地结合在一起。

01 绘制卡通形象图案。打开图片"照片素材.jpg"（素材文件路径：目标文件\项目02\任务 1\任务实施\照片素材），选择"钢笔工具"，勾勒出热气球的外轮廓。然后再选择"画笔工具" ，在画笔下拉面板中选择"硬边圆"笔尖，设置画笔大小为 14 像素，绘制出卡通形象的帽子、鼻子、眼镜及其他图案，效果图如图 2-2 和图 2-3 所示。

02 为素材人物五官上色。选择"渐变工具"，依次为人物帽子、眼睛上色，人物帽子颜色值为：桔黄（ff6e02）、黄（ffff00）、桔黄（ff6d00）；眼睛的颜色值为：白（ffffff），效果图如图 2-4 和图 2-5 所示。

图 2-2　画笔工具绘制图形　　　　　　　图 2-3　画笔工具设置

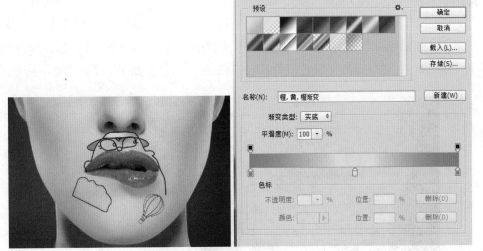

图 2-4　人物帽子上色

图 2-5　人物眼睛上色

03 为人物绘制腮红。选择"椭圆工具" ⬤，按住【Shift】键，绘制两个小圆作为人物腮红，然后选择"渐变工具"为人物腮红上色，腮红颜色值为：（f9b5c2），效果图如图 2-6 所示。

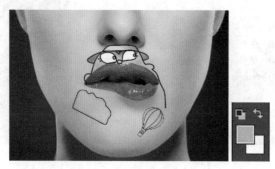

图 2-6　人物脸部腮红上色

04 为照片热气球图案上色。选择"渐变工具"，依次为热气球及其他图案轮廓上色，热气球颜色主要用了两个线性渐变，一个蓝色，一个黄色。蓝色线性渐变：深蓝（0074bd）、灰蓝（04b5c9）、浅蓝（bcf0ff）。黄色线性渐变：深黄（f88f04）、灰黄（f9b000）、浅黄（faef95）；热气球底部颜色值为：（292425），效果图如图 2-7 ～图 2-9 所示。

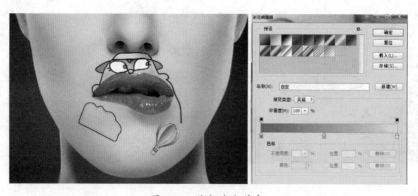

图 2-7　热气球上蓝色

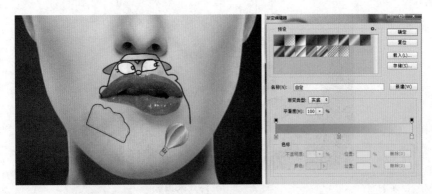

图 2-8　热气球上黄色

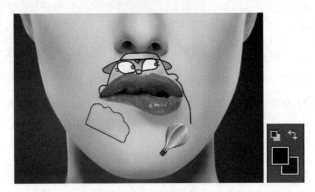

图 2-9　热气球底部上色

05 为素材其他图案上色。选择"渐变工具"依次为左侧图案上色，并输入文字"Love U"，左侧颜色值为：（9a096c）。文字字体：黑体。字体大小：43。颜色值为：（ffff00），效果图如图 2-10 所示。

图 2-10　图案上色

06 绘制心形。选择"自定义形状工具" ，绘制一个心形，并为其填充颜色，颜色值为：（fbccfa），DIY 照片最终效果图如图 2-11 所示。

图 2-11 最终效果图

 小 贴 士

1. 在进行图案绘制前，首先对画笔进行预设，在画笔预设中提供了很多画笔选项，建议在设置画笔时不要太粗，选择黑色即可。

2. 当所有的图案画完之后，在进行上色时，可以选择"渐变工具"分别为这些图案进行上色，另外，在上色时要把握画面的整体色调统一，统一中要有变化。

3. DIY 图案的设计并非固定模版，主要根据客户给予的照片，自由发挥一些图形设计，所以在设计时要大胆创新，根据不同素材灵活设计图形，这样才能设计出客户满意的作品。

 能 力 拓 展

打开图片"照片素材2.jpg"（素材文件路径：目标文件\项目02\任务1\能力拓展\照片素材2），然后进行 DIY 设计，效果图如图 2-12 所示。

图 2-12 效果图

任务二 动物环保手提袋设计

 课前学习工作页

1. 扫一扫二维码观看相关视频，并完成下面的题目。

椭圆工具　　　　　　　矩形工具　　　　　　圆角矩形工具

多边形工具　　　　　　直线工具　　　　　　自定形状工具

（1）在 Photoshop CC 2017 中按住（　　　）键可保证椭圆选框工具绘出的是正圆形。

　　A.【Ctrl】　　　　　B.【Shift】　　　　C.【Alt】　　　　D.【Tab】

（2）Photoshop CC 2017 中在使用"矩形选框工具"的情况下，按住（　　　）键可以创建一个以落点为中心的正方形的选区。

　　A.【Ctrl + Alt】　　B.【Ctrl+ Shift】　　C.【Alt + Shift】　　D.【Shift】

（3）Photoshop CC 2017 中在使用"矩形选框工具"创建矩形选区时，得到的是一个具有圆角的矩形选择区域，其原因是下列各项的哪一项（　　　）。

　　A. 拖动"矩形选框工具"的方法不正确

　　B. "矩形选框工具"具有一个较大的羽化值

　　C. 使用的圆角矩形选择工具而非矩形选择工具

　　D. 所绘制的矩形选区过大

（4）在 Photoshop CC 2017 中，如果想绘制直线的画笔效果，应该按住（　　　）键。

　　A.【Ctrl】　　　　　　　　　　　　B.【Shift】

　　C.【Alt】　　　　　　　　　　　　D.【Tab】

（5）Photoshop CC 2017 中下列工具中能够定义为画笔及图案的选区的工具是下列各项中哪一个（　　　）。

  A. "椭圆选框工具"   B. "矩形选框工具"

  C. "套索工具"   D. "魔棒工具"

（6）Photoshop CC 2017 中在绘制选区的过程中想移动选区的位置，可以按住
（ ）键拖动鼠标。

  A.【Ctrl】   B.【Alt】   C.【Shift】   D.【Tab】

（7）Photoshop CC 2017 中如果想在现有选择区域的基础上增加选择区域，应按
住下列（ ）键。

  A.【Ctrl】   B.【Shift】   C.【Alt】   D.前面三者都可以

2. 完成下列操作：

（1）打开图片"静物 .jpg"（素材文件路径：目标文件 \ 项目 02\ 任务 2\ 课前学
习工作页 \ 静物），利用多边形、直线工具，为画面填充图形，并填充色块。

（2）打开图片"咖啡杯 .jpg"（素材文件路径：目标文件 \ 项目 02\ 任务 2\ 课前
学习工作页 \ 咖啡杯），利用自定义形状工具，为画面增加大小不一的心形，为画面
增添温馨气氛。

课堂学习任务

  某动物园委托工作室为该动物园设计一款动物环保手提袋。接到任务后，组员们
分别对动物园及市场上的环保手提袋做了一系列相关市场调研。环保手提袋的设计分
为两部分，首先要设计一个符合动物园形象的图案，然后再进行环保手提袋的设计。
下面就以环保手提袋设计为例，详细介绍 Photoshop CC 2017 如何运用绘图工具绘制
环保手提袋。环保手提袋效果如图 2-13 所示。

图 2-13 环保手提袋效果图

学习重点和学习难点

学习重点	椭圆工具、矩形工具、圆角矩形工具、多边形工具、直线工具、自定形状工具等
学习难点	按照客户要求，运用绘图工具绘制不同的矢量图形

任务实施

环保手提袋设计

1. 动物园调研

由于某动物园要求环保手提袋上的吉祥物亲切、可爱、吸引人，所以设计组员们首先对动物园所有的动物走访了一遍，认真观察各种动物的特征，并拍了一些照片素材，找寻动物图案创作原型。国宝熊猫一直以圆圆的身躯，可爱萌萌的表情深受不同年龄人群的喜爱，而动物园想要给参观者的印象也是亲切、友善的感觉，所以组员们最终选择熊猫形象作为环保手提袋图案设计的原型。

2. 环保袋调研

目前市面上环保袋的材质主要是纸袋与无纺布袋。这两种纸张的手提袋都具有环保的功能，也具有易降解、易回收的特点，是一种环保首选材质。经过分析比较，设计成员们认为无纺布袋的优于纸袋，可以回收利用，所以最终选择无纺布袋作为动物园手提袋的材质。

3. 素材收集、草图创作

在正式创作之前，设计组成员收集了大量关于熊猫及手袋的资料，并且对采集来的资料（见图 2-14）进行了分析。在手提袋图案设计上，为了使熊猫图案简洁、形象生动活泼，容易识别。设计组成员运用概括的手法，将熊猫憨态可掬的形态、神情提炼出来。另外，在色彩设计时，采用绿色作为主色调，把一个可爱可亲、呆萌个性的熊猫表现出来。（素材文件路径：目标文件\项目 02\任务 2\任务实施\熊猫素材）

图 2-14　熊猫素材

01 熊猫头部轮廓绘制。新建一个 16×12 cm 大小的文件，选择"椭圆工具"，按住【Shift】键绘制出一个圆形作为熊猫的头部，然后继续绘制两个椭圆作为熊猫的耳朵，如图 2-15 所示。

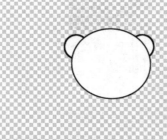

图 2-15 熊猫结构图

02 绘制熊猫眼睛。选择"椭圆工具"，按住【Shift】键绘制出熊猫眼睛轮廓、眼球及眼睛其他部位，眼轮廓及眼珠颜色值为：黑（000000），效果图如图 2-16 所示。

图 2-16 绘制熊猫眼睛

03 绘制熊猫身体。选择"椭圆工具"，按住【Shift】键绘制一个圆作为熊猫的肚子，效果图如图 2-17 所示。

图 2-17 绘制熊猫身体

04 绘制熊猫鼻子。选择"椭圆工具" 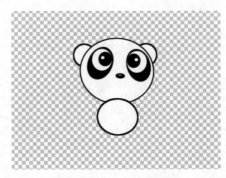，按住【Shift】键绘制两个圆作为熊猫鼻子及高光，鼻子颜色值为：黑（000000）；鼻子高光颜色值为：灰（565354），效果图如图 2-18 所示。

图 2-18　绘制熊猫鼻子

05 绘制熊猫嘴巴。选择"钢笔工具" ，绘制出熊猫的嘴巴、舌头，并为其填充颜色，嘴巴、舌头颜色值分别为：粉红（e6857c）、红（d74363），效果图如图 2-19 所示。

图 2-19　绘制熊猫嘴巴、舌头

06 绘制熊猫手脚结构。选择"钢笔工具" ，绘制出熊猫的四肢并为其填充颜色，颜色值为：黑（000000），最后将除背景图层之外的所有图层全部选中，按【Ctrl+G】组合键合并图层，效果图如图 2-20 所示。

图 2-20　绘制熊猫四肢

07 背景绘制。新建文件，添加背景色。新建一个 1 143×1 036 mm 大小的文件，选择"油漆桶工具" ，为画面填充背景色，颜色值为（fcf8ec），效果图如图 2-21 所示。

图 2-21 填充背景色

08 环保手提袋结构绘制。新建文件，选择"钢笔工具" ，把环保手提袋的结构形状绘制出来，并填充颜色，颜色值为（2c736d），效果图如图 2-22 所示。

图 2-22 环保手提袋结构绘制

09 导入图形。将前面绘制好的熊猫图形导入到画面中，放置在环保袋中间，适当调整一下大小，效果图如图 2-23 所示。

图 2-23 导入熊猫图形

10 环保袋图案设计。选择"椭圆选框工具" ，按住【Shift】键，绘制两个小圆，作为熊猫的耳朵，填充颜色，颜色值为（000000）。然后继续绘制一个稍微大一点的圆当作熊猫的脑袋，并填充颜色，颜色值为（ffffff），将绘制好的熊猫图案，分别复制多个，调整不同的角度，放置在环保袋上，效果图如图 2-24 所示。

图 2-24　环保袋图案设计

11 添加文字。选择"文字工具" ，输入文字"偶环保，偶快乐！"，文字字体，方正综艺简体；字号 2586；文字"偶环保，偶"的字体颜色值为（ffffff）；文字"快乐"的字体颜色值为（ffd200），最终效果图如图 2-25 所示。

图 2-25　环保手提袋最终效果图

小 贴 士

1. 绘制熊猫外形时，按住【Shift】键才能画出正圆形。

2. 在进行熊猫外形绘制时，需将卡通形象的特色及熊猫圆润可爱、俏皮的特征结合起来进行表现。

3. 熊猫手脚部分可以用"钢笔工具"进行绘制，形态调整则可以用"自由选择工具"来进行调整。

能力拓展

请根据提供的素材设计某食品企业设计的吉祥物形象，效果图如图 2-26 所示。

图 2-26 吉祥物效果图

任务三 时尚播放器绘制

 课前学习工作页

1. 扫一扫二维码观看相关视频，并完成下面的题目。

图层混合选项

斜面与浮雕命令

描边命令

内阴影命令

内发光命令

光泽命令

颜色叠加命令

渐变叠加命令

图案叠加命令　　　　　　外发光命令　　　　　　投影命令

（1）Photoshop CC 2017 中使用"图层"｜"更改图层内容"命令，可以将色阶调整图层更改为（　　）。

A. 曲线调整图层　　　　　　　　　B. 反调整图层

C. 纯色填充图层　　　　　　　　　D. 色相、饱和度图层

（2）Photoshop CC 2017 中以下（　　）模式的图像不支持图层？

A. 位图　　　　　B. 灰度　　　　　C. 索引色　　　　　D. 多通道

（3）在默认情况下，对于一组图层，如果上方图层的图层模式为"滤色"，下方图层的图层模式为"强光"，通过合并上下图层得到新图层的图层模式是（　　）。

A. 滤色　　　　　B. 强光　　　　　C. 正常　　　　　D. 不确定

（4）下面对图层样式描述正确的是（　　）。

A. 图层样式可用于图层和通道中　　B. 图层样式不能用于背景层中

C. 可以自定义图层样式　　　　　　D. 图层样式是不能被存储的

（5）下面（　　）可以将图层中的对象对齐和分布。

A. 调节图层　　　B. 链接图层　　　C. 填充图层　　　D. 背景图层

（6）扫描过程中最容易丢失层次的是（　　）。

A. 中间调　　　　B. 暗调　　　　　C. 高光　　　　　D. 反光

（7）在 8 位 / 通道的灰度图像中最多可以包含（　　）种颜色信息。

A. 0　　　　　　　B. 1　　　　　　C. 256　　　　　　D. 不确定

2. 完成下列操作：

（1）打开图片"沙漠 .jpg"（素材文件路径：目标文件 \ 项目 02\ 任务 3\ 课前学习工作页 \ 沙漠），在沙漠中间位置输入文字"大漠黄沙"，并为该文字添加"斜面浮雕""内阴影"效果。

（2）打开图片"心形咖啡 .jpg"（素材文件路径：目标文件 \ 项目 02\ 任务 3\ 课前学习工作页 \ 心形咖啡），将画面中咖啡杯选取出来，并为颜色叠加效果。

（3）打开图片"卡通女孩 .jpg"（素材文件路径：目标文件 \ 项目 02\ 任务 3\ 课前学习工作页 \ 卡通女孩），将画面中卡通形象添加渐变叠加效果。

（4）打开图片"图案 .jpg"（素材文件路径：目标文件 \ 项目 02\ 任务 3\ 课前学习工作页 \ 图案），将画面中其中一个心形选取出来，并为其添加图案叠加效果。

（5）打开图片"蜗牛 .jpg"（素材文件路径：目标文件 \ 项目 02\ 任务 3\ 课前学习工作页 \ 蜗牛），为画面中的蜗牛添加外发光、阴影效果。

某企业委托设计组为其设计一款播放器外观，要求播放器外观简洁、时尚，符合年轻人品味。首先，设计组员对音乐播放器进行了大量市场调研，在市场上寻找不同的播放器，研究其外形结构，分析这些播放器优缺点，然后设计组成员与企业沟通后，就可以正式设计播放器外形。下面就以播放器为例，详细介绍 Photoshop CC 2017 如何利用图层样式效果制作播放器，最终效果图如图 2-27 所示。

图 2-27　最终效果图

学习重点和学习难点

学习重点	图层样式中图层混合选项、斜面与浮雕、描边、内阴影、内发光、光泽、颜色叠加、渐变叠加、图案叠加、外发光、阴影选项的使用方法
学习难点	通过图层样式中的各种选项，为图形或图片添加艺术效果

任务实施

时尚播放器绘制

1. 市场调研

由于该企业对于播放器定位是时尚、年轻，简洁个性，所以组员们在设计初期做了大量市场调研，主要调研当前播放器市场上播放器形状、大小、功能等，并且收集了一些素材资料供设计所用。

2. 素材收集分析、草图创作

播放器的创作要求：简洁、时尚、大气。所以，工作室成员首先收集素材，然后对企业诉求进行分析、讨论，接着根据市场流行趋势，采用圆形与方形组合方式，圆中带方的外观，造型简洁、携带方便、时尚大方。另外，为表现生态环保理念，组员们在设计时，采用灰绿色作为主色调，将播放器时尚、活泼的气息表达出来。在制作播放器效果时，组员们使用了图形样式中的内阴影、外发光等效果，使得整个播放器外形简约、大气。

01 绘制播放器背景。新建一个 11×10 cm 大小的文档。选择"颜色渐变"添加一个径向渐变调整层，制作播放器背景，颜色值为：（b4b097）到（4e473a），样式：径向。角度：90。缩放：150。效果图如图 2-28 所示。

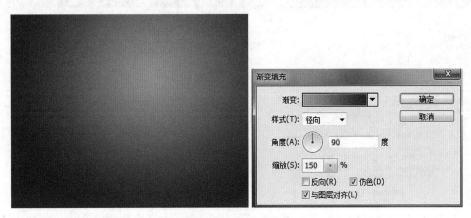

图 2-28　播放器背景

02 绘制播放器外观。选择"圆角矩形工具" 🔲，绘制一个 600*600 像素的圆角矩形，设置圆角为 140 像素，设置效果。水平居中、垂直居中，并为其添加图层样式"斜面和浮雕""渐变叠加""阴影""斜面和浮雕"设置值为样式：内斜面；方法：平滑；深度：100；方向：上；大小：51；软化：0；角度：90；高度：30；高光模式：线性减淡（添加）；颜色：白（ffffff）；不透明度：49；阴影模式：正片叠底；颜色：黑（000000）；不透明度：27；"渐变叠加"设置值为混合模式：正常；不透明度：100；渐变：深灰（b8aa9e）；浅灰（fcfbfa）；样式：线性；角度，90；缩放：100；"阴影"设置值为混合模式：正片叠底；不透明度：62；角度：90；距离：19；扩展：0；大小：27；其他默认，效果图如图 2-29 ~ 图 2-31 所示。

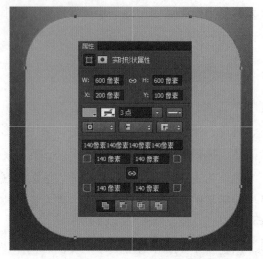

图 2-29　播放器外形设置

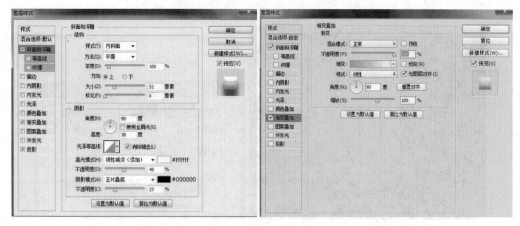

（a）斜面和浮雕设置　　　　　　　　　　　　　（b）渐变叠加设置

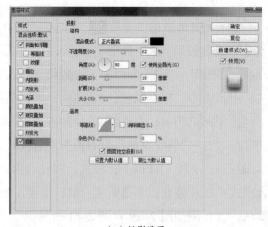

（c）投影设置

图 2-30　播放器效果设置

图 2-31　播放器效果

03　复制一层"主体"图层，更改图层名为"投影"，将"投影"图层置于"主体"图层下层，将图层填充设置为 0，再添加一个"投影"图层样式。"投影"设置值为混合模式：颜色加深；颜色：黑（000000）；角度：90；距离：65；扩展：0；大小：49；其他默认，效果图如图 2-32 所示。

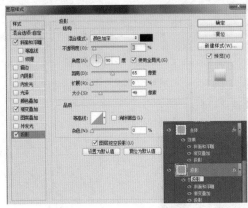

（a）投影设置

（b）效果图

图 2-32　播放器主体结构绘制

04　继续绘制播放器结构。选择圆角矩形工具，绘制一个大小为 500×360 像素，圆角半径为 130 像素的圆角矩形，并为其添加图层样式"内发光""渐变叠加"效果，"内发光"设置值为混合模式：正常；不透明度：48；杂色：0；颜色：（ffffff）；方法：柔和；源：边缘；阻塞：0；大小：5；其他默认值；"渐变叠加"设置值为混合模式：正常；不透明度：100；渐变：（e8ded4）、（d8cdc1）、（cdbfb5）、（a29389）、（b5a59b）；角度：90；缩放：100，效果图如图 2-33 和图 2-34 所示。

05　播放器屏幕绘制。新建图层，命名为"屏幕"，选择"圆角矩形工具"，绘制一个大小为 420*280 像素，圆角半径为 100 像素的圆角矩形，颜色为（b4b097），并为其添加图层样式"内阴影""内发光""渐变叠加""外发光"效果。"内阴影"设置值为混合模式：正常；颜色：（78664b）；不透明度：39；角度：90；距离：13；阻塞：0；大小：0；其他默认。"内发光"设置值为混合模式：滤色；不透明度：

77；杂色：0；颜色：（78664b）；方法：柔和；源：边缘；阻塞：0；大小：6；其他默认。"渐变叠加"设置值为混合模式：正常；不透明度：0；渐变：（ededca）、（9a9a74）；样式：径向；角度：90；缩放：150。"外发光"设置值为混合模式：正常；不透明度：50；杂色：0；颜色：（000000）。方法：柔和；扩展：0；大小：2，其他默认，效果图及设置参数如图 2-35 ～图 2-38 所示。

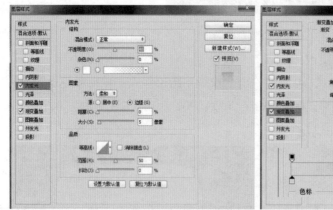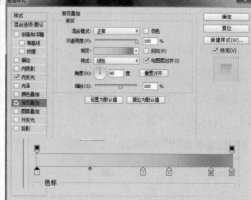

（a）内发光设置　　　　　　　　　　　　　（b）渐变叠加设置

图 2-33　播放器结构绘制

图 2-34　播放器结构绘制效果

图 2-35　绘制圆角矩形

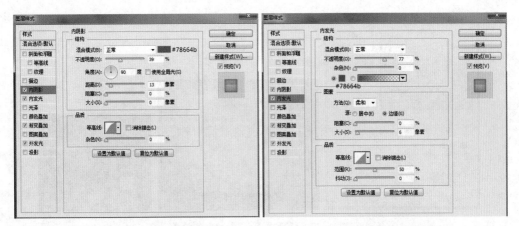

（a）内阴影设置参数　　　　　　　　　　（b）内发光设置参数

图 2-36　图层样式设置 1

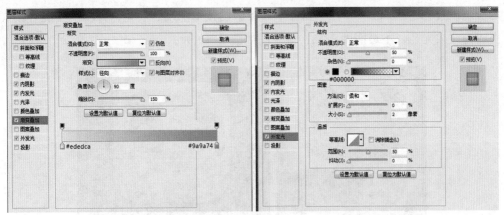

（a）渐变叠加设置参数　　　　　　　　　（b）外发光设置参数

图 2-37　图层样式设置 2

图 2-38　播放器屏幕绘制效果图

06 屏幕添加杂色效果。复制一层"屏幕"图层，转换为智能对象，执行"滤镜"|"杂色"|"添加杂色"命令，在弹出的"添加杂色"对话框中，数量：12、分布：平均分布，并将该图层混合模式更改为"柔光"，效果图如图 2-39 所示。

图 2-39　播放器屏幕添加杂色效果

07　屏幕高光绘制。选择"钢笔工具"，勾勒出屏幕下半部分高光轮廓，并为该形状的颜色设置为（eaead2），在"属性"面板中设置 1 像素的羽化，并将图层混合模式更改为"柔光"，不透明度 34%，效果图如图 2-40 所示。

图 2-40　屏幕下半部分高光绘制

08　继续屏幕高光绘制。选择"钢笔工具"，勾勒出屏幕上半部分高光轮廓，并为该形状的颜色设置为（eaead2），在"属性"面板中设置 1 像素的羽化，并将图层混合模式更改为"柔光"，不透明度 34%，效果图如图 2-41 所示。

图 2-41　屏幕下半部分高光绘制

09 制作屏幕按钮。设置前景色为（b4b097），画一个正圆，并添加一个图层样式"投影"效果，设置值为混合模式：线性减淡（添加）；不透明度：26；角度：90；距离：2；扩展：0；大小2，其他默认，效果图如图2-42所示。

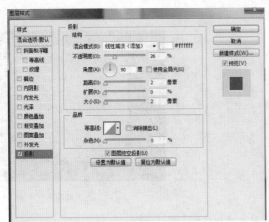

图2-42　播放器按钮绘制

10 屏幕按钮制作。设置前景色为（d9d0ca），画一个小一点的圆，并添加图层样式"斜面浮雕""外发光""投影"效果。"斜面浮雕"设置值为样式：内斜面；方法：雕刻清晰；深度：100；方向：上；大小：12；软化：0；角度：90；高度：30；高光模式：滤色；颜色：（ffffff）。阴影模式设置为正片叠底；颜色：（a47f61）；不透明度：48。"外发光"设置值混合模式：正片叠底；不透明度：22；杂色：0；颜色：（000000）；方法：柔和；扩展：0；大小：5，其他默认。"投影"设置值为混合模式：正片叠底；颜色：（b4b097）；不透明度：37；角度：90；距离：17；扩展：0；大小：7，其他默认。效果图如图2-43和图2-44所示。

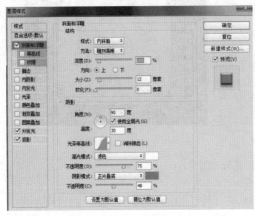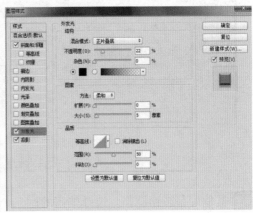

（a）斜面和浮雕参数设置　　　　　　（b）外发光参数设置

图2-43　屏幕按钮制作参数1

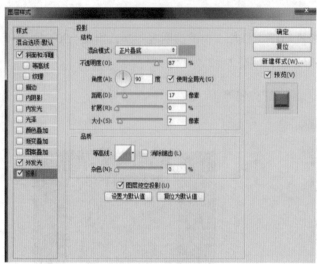

（a）投影参数设置　　　　　　　　　　　　　（b）效果图

图 2-44　屏幕按钮制作参数 2

11 屏幕按钮阴影制作。复制一层"按钮"图层，更改图层名为"投影"，将图层填充设置为 0，并添加图层样式"投影"效果。"投影"设置值为混合模式：正片叠底；颜色：（000000）；不透明度：56；角度：90；距离：5；扩展：0；大小：5，效果图如图 2-45 所示。

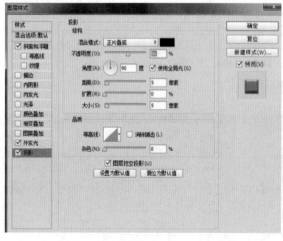

（a）投影参数设置　　　　　　　　　　　　　（b）效果图

图 2-45　屏幕按钮阴影制作

12 其他屏幕按钮制作。选择按钮的这三个图层，按【Ctrl+G】组合键，创建图层组，命名为"按钮 1"，复制图层组，得到四个按钮，效果图如图 2-46 所示。

图 2-46　其他屏幕按钮制作

13 按钮图标制作。新建图层，命名为"右键"，选择"钢笔工具"绘制一个三角形按钮图标，填充颜色（b9ab8d），并为其添加图层样式"内阴影""投影"效果，"内阴影"设置值为混合模式：正片叠底；颜色：（515b42）；不透明度：75；角度：90；距离：5；阻塞：0；大小：5，其他默认。"投影"设置值为混合模式：正片叠底；颜色：（959c69）；不透明度：75；角度：90；距离：2；扩展：0；大小：2，其他默认，效果图如图 2-47 所示。最后，将"右键"图层复制两次，一个重新命名为"左键"，一个重新命名为"stop"。选择"左键"图层，按【Ctrl+T】组合键，水平翻转，得到"左键"图标。接着，选择"stop"图层，选择"文字工具"，输入文字"stop"，文字字体：黑体、大小：10、颜色（878168），播放器最终效果图如图 2-48 所示。

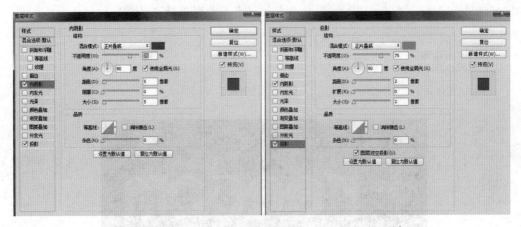

（a）内阴影参数设置　　　　　　　　　　（b）投影参数设置

图 2-47　按钮图标制作

图 2-48　最终效果图

小 贴 士

1. 绘制播放器外形时，建议使用"参考线"，这样绘制的图形才能更准确。

2. 图层样式中虽然提供很多效果，但是并非图片效果越多越好，适可而止，选择合适的效果最好。

3. 在进行播放器屏幕制作时，为表现出播放器的磨砂材质，我们可以执行"滤镜"｜"杂色"｜"添加杂色"命令，这样使得播放器外观更有质感。

4. 由于该播放器外观设计是磨砂材质，所以在对图形外观效果制作时，最好使用"内发光""内阴影"等效果，使得产品外观设计与品牌定位一致。

能力拓展

请为某企业设计一款金属文字，效果图如图 2-49 所示。

图 2-49　金属文字效果图

项目展示与评价

请完成下表，对作品进行展示和评估。

项目评估表

职业能力	项目完成情况	存在问题	自评	互评	教师评价
图形绘制分析能力					
图形创作能力					
图形颜色上色能力					
创新能力					
团队协作能力					
自主学习能力					
成　绩					
签　字					

注：评价结果用 A、B、C、D 四个等级表示，A 为优秀，B 为良好，C 为合格，D 为不合格。

项 目 小 结

　　本项目通过碎片化的微视频详细介绍了 Photoshop CC 2017 软件点阵绘图、矢量绘图的绘制、上色方法及图层效果的使用方法。让学生在课前便可以轻松学会基本绘图工具、基本上色方法、图片处理的方法，解决设计中图形不突出、主题不突出等问题，为画面增添内涵和视觉冲击力。在课前自学过程中，通过课前练习题巩固基本操作的技术点和快捷键，带着自学中未能解决的问题到课堂，老师与学生一起解决问题。课堂上，再通过三个实际案例把技术操作点上升到实际应用中，让学生学以致用，真正解决工作中的设计问题。

项目三

图片后期处理

项目导读

　　平面设计中图片的后期处理至关重要，无论是海报设计、画册设计、网页设计、电商设计、App 界面设计，其中涉及的图片都需要经过后期调色、修饰瑕疵、重塑光源才能使用。一张原始照片，在拍摄过程中出现的曝光不足、曝光过度或者对比度不合适导致画面缺乏层次，这些在 Photoshop CC 2017 软件中都是可以调整的。照片中出现的影响画面效果的内容，甚至想更替照片中的景或物，都可以通过 Photoshop CC 2017 去除或增添。本项目通过三个企业实际案例：东莞职业技术学院计算机工程系 2016 年鉴封面设计、何氏女装天猫官方旗舰店 Banner 设计、红辉加湿器产品修图，分别介绍照片调色的方法、照片瑕疵的修饰技巧及电商产品的修图方法。通过本项目的系统学习，可以掌握修片的实用技巧和方法，解决"为什么修？""怎么修？"的疑惑，了解流行色调的处理技巧和方法、人物修饰技巧，以及电商产品的修图方法。

项目目标

知识目标	技能目标	职业素养
➢ 掌握颜色的相关知识 ➢ 学习色阶、曲线、色相/饱和度、色彩平衡、可选颜色、通道混合器、匹配颜色、照片滤镜、阴影/高光等各种色彩调整命令 ➢ 掌握调整图层的使用方法和使用范围 ➢ 学习仿制图章工具、修复画笔工具、修补工具等修复工具	➢ 利用色彩调整命令调整图片的色调和色彩 ➢ 利用修复工具修复照片中的瑕疵和多余的景物	➢ 自主学习能力 ➢ 团队协作能力

项目任务

　　任务一：照片调色

　　任务二：照片修复

　　任务三：产品修图

任务一 照片调色

 课前学习工作页

1. 扫一扫二维码观看相关视频，并完成下面的题目。

| "色阶"命令 | "曲线"命令 | "色相/饱和度"命令 | "色彩平衡"命令 |

| "可选颜色"命令 | "匹配颜色"命令 | "替换颜色"命令 | "照片滤镜"命令 |

（1）我们常用色阶和曲线来调整图片的色调，其中"色阶"命令的组合键是
（　　）。

　　A.【Ctrl+U】　　　B.【Ctrl+M】　　　C.【Ctrl+L】　　　D.【Ctrl+B】

（2）我们常用色阶和曲线来调整图片的色调，其中"曲线"命令的组合键是
（　　）。

　　A.【Ctrl+U】　　　B.【Ctrl+M】　　　C.【Ctrl+L】　　　D.【Ctrl+B】

（3）在调色过程中，为了使最终的图像色彩更协调，我们常用"色彩平衡"来
协调画面的色调，"色彩平衡"命令的组合键是（　　）。

　　A.【Ctrl+U】　　　B.【Ctrl+M】　　　C.【Ctrl+L】　　　D.【Ctrl+B】

（4）"色相/饱和度"命令的组合键是（　　）。

　　A.【Ctrl+U】　　　B.【Ctrl+M】　　　C.【Ctrl+L】　　　D.【Ctrl+B】

（5）"去色"命令的组合键是（　　）。

　　A.【Ctrl+U】　　B.【Ctrl+Shift+U】　C.【Ctrl+L】　　　D.【Ctrl+B】

（6）用于印刷的图像分辨率不可以低于（　　）

　　A. 300 dpi　　　　B. 300 ppi　　　　C. 72 dpi　　　　D. 150 dpi

（7）"色相/饱和度"可以做到（　　）。

　　A.调整图像的颜色　　　　　　　　B.给黑白照片上色

　　C.去色　　　　　　　　　　　　　D.前面三者都可以

2. 完成下列操作：

（1）打开图片"风景 .jpg"，（素材文件路径：目标文件 \ 项目 03\ 任务 1\ 课前学习工作页 \ 风景 .jpg），打开直方图，观察图片的黑白灰分布，尝试用"色阶"命令重新分布黑白灰关系。

（2）打开图片"曝光不足 .jpg"，（素材文件路径：目标文件 \ 项目 03\ 任务 1\ 课前学习工作页 \ 曝光不足 .jpg），颜色模式调整为 RGB 模式，尝试使用"色阶""曲线"命令调整图片的曝光度。

（3）打开图片"淘宝产品 .jpg"，（素材文件路径：目标文件 \ 项目 03\ 任务 1\ 课前学习工作页 \ 淘宝产品 .jpg）颜色模式调整为 RGB 模式，尝试使用"色相" /"饱和度""色彩平衡""替换颜色"等工具调整产品的颜色。

课堂学习任务

东莞职业技术学院计算机工程系委托本系多媒体工作室设计一本年鉴，介绍系部一年的发展状况及师生活动。多媒体工作室接到任务，第一件事情就是先对原始文字资料和图片资料进行筛选分类，在收集的 100 多张原始照片中，有的原始照片因为拍摄环境问题曝光不足；有的拍摄过程中画面出现多余景物，影响整体画面效果；有的画面色彩平淡，缺乏艺术感。这些第一手图片都无法直接用到年鉴设计中，必须通过 Photoshop CC 2017 软件对其进行较色、调色，才能进一步排版。下面就以年鉴的封面为例，详细介绍 Photoshop CC 2017 如何利用调色工具对照片进行后期艺术处理，年鉴的封面效果图如图 3-1 所示。

图 3-1　年鉴的封面效果图

学习重点和学习难点

学习重点	色阶、曲线、色相／饱和度、色彩平衡、可选颜色、替换颜色、照片滤镜、匹配颜色、通道混合器
学习难点	通过直方图分析照片的黑白灰分布情况，根据具体照片进行针对性的色彩调整

任务实施

计算机年鉴封面

1. 照片筛选

由于是学校题材的画册，设计上打算采用一张校园照片作为封面，考虑到计算机属于科技类，蓝色调可以突显科技感，所以最终筛选了一张水天相接的、大面积蓝色调背景的校园风景照片。

虽然通过 Photoshop 软件可以调整图像的色调，但是如果原始素材图片曝光过度或曝光不足较严重，那么，通过设计软件调整的过程中，将会损失很多细节，导致画面不够细腻，影响印刷效果，所以，在素材挑选过程中，应尽可能地选择曝光正常、拍摄质量好的照片。

选择摄影照片作为素材，即便素材照片在构图上、色调处理上很完美，也不一定适合设计需求，所以，一般情况下，都需要重新对素材进行裁切、调色、细节修饰，以满足设计的需要。

2. 照片调色

通过对拍摄照片的分析，发现照片中的阶调集中在中间调，暗调不够暗，亮调不够亮，照片整体效果灰蒙蒙，色调对比度不够。可以采用"色阶"或"曲线"命令重新调整照片的色调。由于阴天拍摄，照片的颜色不够鲜艳，特别是天空的颜色不够饱和，可以采用"色相／饱和度"命令调整照片的饱和度。此外，为了增强照片的视觉冲击力，在照片中加入了对比的颜色，对照片的色彩进行了艺术化的修饰，使照片更具有艺术性和观赏性，也更符合设计需求。

01 打开素材图片"校园风光素材"（素材文件路径：目标文件 \ 项目 03\ 任务 1\ 校园风光素材 .jpg），应用"色阶"命令增强画面的亮度和对比度。创建"色阶"调整图层，分别调整黑、灰、白色三角形滑杆，参数和效果图如图 3-2 所示。

图 3-2　调整照片阶调

02 应用"色相 / 饱和度"命令调整图像的饱和度。创建"色相 / 饱和度"调整图层，向右拖动"饱和度"滑杆，增强图片的整体饱和度。在编辑框中选择"黄色"，向右拖动"饱和度"滑块，增强图像中黄色的饱和度，效果和参数如图 3-3 所示。

图 3-3　调整照片的饱和度

03 应用"纯色"命令为图片增加橙色色调。创建橙色（# ed8015）的填充图层，混合模式改为"柔光"。让照片蒙上一层橙黄色调。设置渐变形式为"黑色 - 透明 - 黑色"

线性渐变，把"颜色填充 1"蒙版的上下部分填充为黑色，中间部分不变，恢复照片天空和水面的颜色，效果如图 3-4 所示。

图 3-4　创建"颜色填充 1"图层

04 应用"可选颜色"命令微调照片中的黄色调。创建"可选颜色"调整图层，"颜色"选择"黄色"，调整"洋红"三角形滑杆，让图片中的黄色偏洋红，参数和效果图如图 3-5 所示。

图 3-5　微调照片中的颜色

05 平衡画面的颜色。创建"色彩平衡"调整图层，对图片的颜色进行整体调整，效果如图 3-6 所示。

图 3-6 调整整体色调

06 细节处理。盖印图层，减少噪点和锐化。按【Ctrl+Alt+Shift+E】组合键，盖印图层，执行"滤镜"|"杂色"|"减少杂色"命令，去掉一些因为色彩调整后出现的杂点；执行"滤镜"|"锐化"|"USM 锐化"命令，增强画面的清晰度，效果如图 3-7 所示。把处理后的图片保存为"校园风光 .psd"源文件，再另存为一张"校园风格 .jpg"文件。

图 3-7 照片减噪和锐化

3. 封面的排版

设计师把后期处理好的素材图片切割成三角形，对画面进行分割，再搭配辅助的几何造型元素使画面即简洁又富有设计形式感。画面中的辅助几何造型及文字的用色都来源于图片中的颜色，使得画面色调统一，和谐。大面积的蓝色点缀小面积的对比色橙色，画面在整体统一的基础上又产生色彩的冲突，起到了画龙点睛之妙。

01 新建 A4 画布大小，300 分辨率，选择"多边形工具"，边数设置"3"，绘制一个三角形，居中布局，效果如图 3-8 所示。

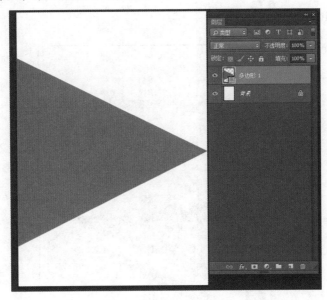

图 3-8　绘制三角形

02 把处理完的照片拖动到文件中，生成"图层 1"，按住键盘【Alt】键，把图层"多边形 1"和"图层 1"设置为剪贴蒙版。按【Ctrl+T】组合键调整好图片的大小和位置，效果如图 3-9 所示。

图 3-9　添加照片效果

[03] 把素材"文本.png"（素材文件路径：目标文件\项目03\任务1\文本.png）拖动到文件中，添加文本，选择"多边形工具""矩形工具"绘制其他几何造型，最终效果如图3-10所示。

图 3-10　封面效果

小 贴 士

1. "图像"|"调整"子菜单下提供了许多图像调整的命令，建议在调整过程中，每个命令调整的幅度不宜过大，以免损失过多的细节，可通过多个命令，多次调整，达到理想效果。

2. "色彩平衡"主要是改变图像中颜色的混合，提供一般的色彩校正。如果想精确控制单个颜色，应使用"色阶""曲线"或专门的色彩校正工具（如：色相/饱和度、替换颜色、通道混合器或可选颜色）。色阶可以处理曝光不足的照片，同理，通过对暗部、灰部和亮部的调整，也可以处理曝光过度的照片或者照片偏灰、对比度不强的照片。

3. 当一张黑白的照片，执行"色相/饱和度"命令时，需要选中"着色"复选框，才能给图片上色。

4. 通道混和器只在图像色彩模式为 RGB、CMYK 时才起作用，在图像色彩模式为 LAB 或其他模式时，不能进行操作。

5. RGB 与 CMYK 模式下可选颜色中的颜色变化略有不同，在 LAB 模式下不能使用可选颜色。

在 RGB 颜色模式下有红、绿、蓝三个通道，所有颜色由这三种颜色混合而来。比如红＋绿＝黄，绿＋蓝＝青，红＋蓝＝品红，红＋绿＋蓝＝白，红、绿、蓝数值都为零时为黑色。

6. 调整图层是一种特殊的图层，它可以将颜色和色调调整等应用于图像，调整后的数据会保留在调整图层中，如果对调整的效果不满意，只需单击调整图层，可弹出调整图层对话框，可以继续调整图像的色调，而且，我们只要隐藏或删除调整图层，便可以将图像恢复为原来的状态。它不会改变原图像的像素，因此，也不会对图像产生任何破坏。

能力拓展

请读者自行拍摄一张风景照片，应用色彩调整相关命令对其进行色彩和色调的调整，并对其进行合理的布局和排版，设计成书籍或画册的封面。

任务二 照片修复

课前学习工作页

1. 扫一扫二维码观看相关视频，并完成下面的题目。

仿制图章工具

图案图章工具

修复画笔工具

修补工具

内容感知移动工具

（1）使用仿制图章工具时，需要同时按住键盘的（　　　）键才能使用。

    A.【Ctrl】　　　　　　　　　　B.【Alt】

    C.【Shift】　　　　　　　　　　D.【Enter】

（2）以下（　　　）命令，不可以在新建的空白图层中操作？

    A. 仿制图章工具　　　　　　　　B. 修复画笔工具

    C. 修补工具　　　　　　　　　　D. 污点修复画笔工具

（3）想修复人脸上的斑点痘印，不可以用（　　　）。

    A. 修补工具　　　　　　　　　　B. 仿制图章工具

    C. 图案图章工具　　　　　　　　D. 污点修复画笔工具

（4）以下（　　　）使用时需要同时按住键盘的【Alt】键。

    A. 仿制图章工具和修复画笔工具

    B. 仿制图章工具和修补工具

    C. 图案图章工具和污点修复画笔工具

    D. 红眼工具和修复画笔工具

（5）仿制图章工具的工作原理是（　　　）。

    A. 完全复制取样点的像素　　　　B. 完全删除取样点的像素

    C. 部分复制取样点的像素　　　　D. 部分删除取样点的像素

（6）仿制图章工具可以处理（　　　）。

    A. 图片中多余的景物　　　　　　B. 照片中的水印

    C. 人物脸部的痘印　　　　　　　D. ABC 项都可以

2. 完成下列操作：

（1）打开素材图片"水印 .jpg"，（素材文件路径：目标文件 \ 项目 03\ 任务 2\ 水印 .jpg）去除照片中的水印。

（2）打开素材图片"飞鸟 .jpg"，（素材文件路径：目标文件 \ 项目 03\ 任务 2\ 飞鸟 .jpg）去除照片中天空中的鸟儿。

课堂学习任务

何氏女装天猫官方旗舰店委托百达连新电子商务为其店面装修，包括产品修图、首页 Banner 设计，详情页设计等。首页 Banner 是店面的广告，其设计的效果会直接影响整体风格。现在淘宝店面的 Banner 都是以轮播图的形式出现的，即需要设计多张 Banner 图轮播。下面以其中一张轮播图为例，讲解如何设计网站首页的 Banner 设计，Banner 设计效果图如图 3-11 所示。

学习重点和学习难点

学习重点	仿制图章工具、修复画笔工具、修补工具、污点修复画笔工具
学习难点	运用仿制图章工具和修复画笔工具组修饰照片

图 3-11　Banner 设计效果图

任务实施

1. 模特后期处理

百达连新电子商务公司根据产品的定位拍了一组时装照片，即便模特已经进行精心包装，摄影照片曝光正常，但是，使用到设计中，还是需要进行一系列的处理，包括调色、脸部的修饰、背景的修饰等。

模特后期处理

01 应用"污点修复画笔工具"去除脸部的痘印。选择"污点修复画笔工具"，把画笔调整到比痘印略大的大小，在痘印位置拖动鼠标，去除模特脸上的痘印和脖子上的颈纹，效果如图 3-12 所示。

图 3-12　去痘前和去痘后效果对比

02　应用"仿制图章工具"为模特脸部磨皮。新建空白图层 1，选择"仿制图章工具"，柔角笔刷，画笔不透明度调至 31%，单击"样本"框，选中"当前和下方图层"选项，为人物脸部和颈部磨皮。参数如图 3-13 所示，效果如图 3-14 所示。

图 3-13　"仿制图章"工具参数设置

图 3-14　磨皮前和磨皮后局部效果对比

03　去除杂乱的头发。选择"污点修复画笔工具"，调整画笔略大于头发大小，选择"对所有图层取样"单选框，去除照片中凌乱的头发。参数如图 3-15 所示，效果如图 3-16 所示。

图 3-15　"污点修复画笔"工具参数设置

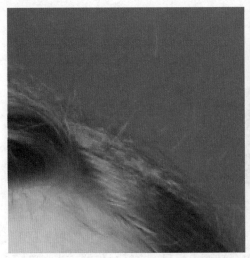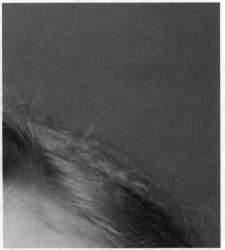

图 3-16　去除凌乱头发前后局部效果对比

04 应用"污点修复画笔工具"去除背景中的杂质。选择"污点修复画笔工具"，调整画笔略大于画面杂质的大小，选择"对所有图层取样"单选框，去除背景中的白色划痕，使用"仿制图章工具"，修饰背景。

05 平衡画面的颜色。利用"色阶""曲线""色彩平衡""可选颜色"等命令调整照片的颜色和色调，可根据画面效果自行调整。最终保存为"模特修图 .psd"文件和"模特修图 .jpg"文件，效果如图 3-17 所示。

图 3-17　调整画面颜色

2. 背景制作

何氏女装品牌广告设计上以简约大方为主，以灰色调突显尊贵。为了让背景更加生动，选用了一张飘动的布料图片作底，让画面更加灵动，富有韵律感。

背景制作

01 设置画布。新建 1920*900 像素的画布，分辨率为 72 dpi。利用"吸管工具"吸取模特底色作为背景颜色。按【Ctrl+R】组合键调出标尺，在标尺位置右击，选择"像素"命令。选择"矩形选框工具"，从画布左边拉出宽为 360 px 的矩形选框，选择"移动工具"，从标尺处拉出参考线至矩形选框最右边。利用同样的方法在画布的右端 360 px 处也拉出一条参考线。创建两条参考线的目的是排版时让画面的主体物集中在中间 1200 px 以内，效果如图 3-18 所示。

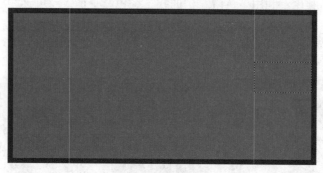

图 3-18　设置画布

02 制作背景。把"背景素材 .jpg"图片拖入文件中生成"背景素材"图层，图层混合模式改为"明度"。按【Ctrl+T】组合键，弹出自由变换框，调整比例大小，右击并选择"垂直翻转"命令，把图片放置在左下角位置。为"背景素材"图层添加图层蒙版，调整前景色为黑色，选择"画笔工具"，设置画笔的笔刷为柔角笔刷，在图片边缘进行涂抹，过渡边缘，设置图层不透明度为55%。复制"背景素材"图层，生成"背景素材拷贝"图层，按【Ctrl+T】组合键，弹出自由变换框，调整比例大小，右击并选择"垂直翻转"命令，把图片放置在右上角位置，效果如图 3-19 所示。

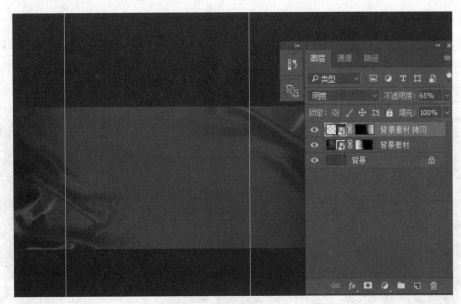

图 3-19　制作背景

3. 制作主题内容

本 Banner 设计简约，画面主要以主体模特和文案为主，放置在画面中心，形成重心构图，突出主体。

制作主题内容

01 添加模特。把后期处理完成的"模特修图 .jpg"拖动到文件中，生成"模特修图"图层，按【Ctrl+T】组合键，弹出自由变换框，调整比例大小，放置在画面左侧，不要超过左边参考线。为"模特修图"图层添加图层蒙版，调整前景色为黑色，选择"画笔工具"，设置画笔的笔刷为柔角笔刷，在图片边缘进行涂抹，过渡边缘，让模特素材和背景融合自然，效果如图 3-20 所示。

02 添加文案。打开字体文件夹，(素材文件路径：目标文件 \ 项目 03\ 任务 2\ 字体)，双击字体文件，先安装苹方字体。选择"文字工具"，编写各段文字信息，字体选择"苹方"，除了"每周上新·全场包邮"颜色改为黑色外，其他字体可任意颜色。选择"矩形工具"在"每周上新·全场包邮"文字图层下方绘制矩形，颜色任意。把除了"每周上新·全场包邮"文字图层外的其他所有文字图层和矩形的图层编成"组 1"。

把素材"渐变背景 .jpg"（素材文件路径：目标文件 \ 项目 03\ 任务 2\ 渐变背景 .jpg）拖拽到文件中，放置到"组 1"上方生成"渐变背景"图层。光标放置在"渐变背景"图层和"组 1"中间，按【Alt】键并单击，做剪贴蒙版，把"渐变背景 .jpg"的肌理效果应用到文字中，效果如图 3-21 所示。

图 3-20　添加模特素材

图 3-21　添加文案

4. 整体色调调整

整体色调调整

　　排版完成后，为了达到整体的统一和谐，需要对整体进行色彩调整，可以通过各种色彩调整命令对画面进行微调。按【Ctrl+Alt+Shift+E】组合键，盖印图层。创建曲线色彩调整图层，增强画面的对比度。创建色彩平衡调整图层，增加青色和蓝色，让画面偏冷色调。创建可选颜色调整图层，选择"红色"增加洋红和黄色的数值，让模特的衣服颜色更红艳，效果如图 3-22 所示。

图 3-22　调整整体色调

小贴士

　　1. "仿制图章工具"是专门的修图工具，可以去除图片水印、去除图片中的杂物、去除脸部斑点痘印、面部磨皮等，其快捷键为【J】。

　　2. 利用"仿制图章工具"磨皮时，必须选择柔角笔刷，画笔不透明度调至30% 左右。

　　3. 使用"仿制图章工具"复制图像过程中，复制的图像将一直保留在仿制图章上，除非重新取样；如果在图像中定义了选区内的图像，复制将仅限于在选区内有效。在选项栏中选择"对齐"选项，会对像素连续取样，而不会丢失当前的取样点，即使松开鼠标时也是如此。如果取消选择"对齐"选项，则会在每次停止并重新开始绘画时使用初始取样点中的样本像素。

　　4. 在使用"污点修复画笔工具"时，不需要定义原点，只需要确定需要修复的图像位置，调整好画笔大小，移动鼠标就会在确定需要修复的位置自动匹配，所以在实际应用时比较实用，常常用来去除脸部的痘痘或一些细小的毛发等。

5. "修复画笔工具"和"仿制图章工具"使用方法类似，都需要结合键盘的【Alt】键。但是效果有差别。"仿制图章工具"是对取样点的完全复制，"修复画笔工具"所复制之处即使跟下方原图之间颜色有差异，也会自动匹配颜色过渡，修复后边缘自动融合过渡，非常自然。

6. 修补工具一般用于修复一些大面积的皱纹之类，细节处理则需要用"仿制图章工具"。值得注意的是，使用修补工具时，不能新建空白图层进行修补，而仿制图章、修复画笔工具等可以在新的图层中进行修复。

7. "内容感知移动工具"可以简单到只需选择图像场景中的某个物体，然后将其移动到图像中的任何位置，经过 Photoshop 的计算，完成极其真实的 Photoshop 合成效果。

8. "红眼工具"主要用于处理在拍摄时因闪光造成的红眼现象，改变图像的不自然感。

能力拓展

请根据提供的素材设计何氏女装详情页（局部）。素材中的人物照片需要进行后期处理，最终效果参考图 3-23。

图 3-23 详情页设计

任务三 产 品 修 图

 课前学习工作页

1．扫一扫二维码观看相关视频，并完成下面的题目。

涂抹工具 　　　　　　模糊锐化工具组 　　　　加深减淡工具组

（1）在 Photoshop CC 2017 中，调整画笔大小的快捷键是（　　　）。

A. 【 和 】 　　　　B. + 和 − 　　　　C. 【Tab】 　　　　D. 【Enter】

（2）在 Photoshop 中，放大视图的组合键是（　　　）。

A. 【Ctrl+ +】 　　B. 【Ctrl+ −】 　　C. 【Shift+ +】 　　D. 【Shift+ −】

（3）（　　　）可以拉扯变形像素。

A. 海绵工具 　　　　　　　　　　B. 减淡工具

C. 涂抹工具 　　　　　　　　　　D. 模糊工具

（4）（　　　）可以加深图像的饱和度。

A. 海绵工具 　　　　　　　　　　B. 加深工具

C. 涂抹工具 　　　　　　　　　　D. 模糊工具

（5）（　　　）可以塑造物体的体积感。

A. 加深和模糊工具 　　　　　　　B. 海绵工具和涂抹工具

C. 涂抹工具和修复工具 　　　　　D. 加深和减淡工具

（6）能 100% 比例显示图像的方法是（　　　）。

A. 双击缩放工具 　　　　　　　　B. 双击移动工具

C. 双击徒手工具 　　　　　　　　D. 双击钢笔工具

2．完成下列操作：

应用"加深减淡工具组"绘制三维球体。

课堂学习任务

电商网站上的产品不是单纯的产品摄影图片，为了达到理想的视觉效果，需要对产品各个部分进行精心的修饰，甚至重新绘制出来。一个 10 元的产品，通过后期处理后，可以达到 1000 元的高端产品的效果，如图 3-24 所示。

图 3-24　原图和效果图对比

学习重点和学习难点

学习重点	涂抹工具、模糊工具、锐化工具、减淡工具、加深工具
学习难点	电商产品的修图

任务实施

1. 产品抠图

一般产品修图第一步都必须使用"钢笔工具"把产品和背景分离出来，产品和背景都需要进行重新的修饰和绘制，以达到满意的效果。

产品抠图

01 运用"钢笔工具"抠图。打开"红辉加湿器素材"图片，选择"钢笔工具"，沿着产品的外轮廓绘制路径，按【Ctrl+Enter】组合键，把路径转化为选区，按【Ctrl+J】组合键，把选区内容复制到"图层 1"，完成产品抠图，效果如图 3-25 所示。

02 绘制背景。新建"图层 2"，放在"图层 1"的下方，选择"渐变工具"，径向渐变，渐变颜色为（#356089）到（#c4d7e3），从画布中心到边缘拉出一条直线，绘制出渐变的背景，效果如图 3-26 所示。

图 3-25　产品抠图

图 3-26　绘制背景

2. 修饰产品

产品的文字、按钮区域，由于拍摄中无法完美体现其质感，需要重新绘制出来。照片中的投影效果不理想，也需要重新绘制出来。照片中多余的斑点或反光，需要去除，高光需要加强。

产品修饰

01 重新绘制产品中的标志、文字。选择"文字工具" 编辑加湿器中 logo 的文字，把它们全部放入到一个组，组改名为"logo 绘制"。复制组"logo 绘制拷贝"，按【Ctrl+E】组合键合并。对其添加"渐变叠加"图层样式，渐变叠加的参数如图 3-27 所示，效果如图 3-28 所示。

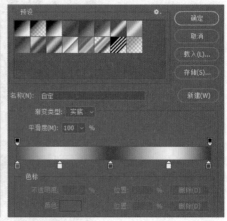

图 3-27　设置渐变叠加参数

02 重新绘制产品的按钮。打开"路径"面板，新建"路径 1"，选择"钢笔工具"，沿着金属带绘制路径，打开图层面板，选择"图层 1"，按【Ctrl+Enter】组合键把路径转换为选区，按【Ctrl+J】组合键，把选区中的像素复制到新的"图层 3"上。新建"路径 2"，选择"椭圆工具"沿着金属按钮绘制路径，选择"图层 1"，按【Ctrl+Enter】组合键把路径转换为选区，按【Ctrl+J】组合键，把选区中的像素复制到新的"图层 4"上。调整图层的顺序，把"图层 4"放置在"图层 3"的上方。选择"图层 3"，按【Ctrl+J】组合键复制"图层 3 拷贝"，光标放置在"图层 3"和"图层 3 拷贝"中间，按【Alt】键并单击做剪贴蒙版。双击"图层 3 拷贝"，为其添加"渐变叠加"图层样式，金属按钮也用同样的方式重新绘制。渐变叠加参数如图 3-29 所示，效果如图 3-30 所示。

图 3-28　绘制产品 logo

图 3-29　渐变参数

图 3-30　按钮效果

03 重新塑造加湿器上部分（蓝色部分）的光影。选择"图层 1"，选择"多边形套索工具"把加湿器上部分像素选择出来，按【Ctrl+J】组合键把选中的像素复制到新的图层。创建"色相\饱和度"调整图层，做剪贴蒙版，调整加湿器上部分的颜色的饱和度，效果如图 3-31 所示。

图 3-31　调整色彩

选择"图层 8"，锁定图层的透明度。选择"盖章工具"，把加湿器上部分中的瑕疵和金属按钮修饰干净。选择"修补工具"，去除掉加湿器上边多余的高光。选择"涂抹工具"，修饰金属条边缘的瑕疵。新建"图层 9"，选择"吸管工具"，吸取重一些的蓝色，选择"画笔工具"，降低不透明度，在加湿器两边涂抹，把加湿器两边的反光压暗一些，效果如图 3-32 所示。

图 3-32　去除多余瑕疵和高光

选择"图层 8"，按【Ctrl】键单击图层缩览图，载入选区，新建"图层 10"，填充白色，按【Ctrl+D】组合键取消选区。选择"移动工具"，向右移动几个像素。为"图层 10"创建蒙版，选择"渐变工具"，设置"黑到透明"渐变，从右向左做渐变。为图层添加"高斯模糊"效果，制作出左边高光效果。复制"图层 10 拷贝"，水平翻转，制作出右边高光效果，效果如图 3-33 所示。

图 3-33　重新塑造两侧反光

新建"图层11"，作剪贴蒙版，选择"画笔工具"，设置笔刷为"柔角"，在左侧绘制一个白点，按【Ctrl+T】组合键，拉伸变形白点，执行"高斯模糊"滤镜，重塑左侧辅助的高光。用同样的方法重塑右侧主要高光。选择"钢笔工具"，沿右侧高光绘制路径，载入选区，新建"图层13"，填充白色，利用"橡皮擦工具"过渡下部分，执行"高斯模糊"滤镜，过渡边缘，制作反光。最后新建"图层14"，填充黑色，前景色和背景色改为"黑"和"白"，执行"滤镜"|"杂色"|"添加杂色"命令，制作出噪点效果，效果如图3-34所示。

图3-34　添加高光和噪点效果

04 修饰加湿器白色部分。选择"图层1"，先为其添加"曲线1"调整图层，加强亮度和对比度。选择"钢笔工具"，沿着白色加湿器部分（椭圆底座除外）绘制路径，按【Ctrl+Enter】组合键载入选区，按【Ctrl+J】组合键把选区复制到新的"图层16"，为其添加"渐变叠加"图层样式，塑造出两边暗中间亮的光影效果，效果如图3-35所示。

图3-35　塑造加湿器下部分光影效果

05 制作加湿器投影。选择"图层 1"，选择"椭圆工具"，沿着底座绘制椭圆路径，效果如图 3-36 所示。

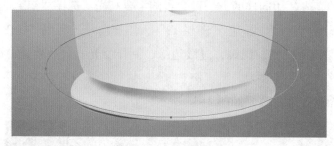

图 3-36　绘制路径

按【Ctrl+Enter】组合键载入选区，按【Ctrl+J】组合键把选区复制到新的"图层 17"，把它作为"图层 1"的剪贴蒙版。选择"画笔工具"，先为图层整体绘制一层白色，再设置画笔为黑色，调整不透明度，在图层上绘制黑色，塑造投影效果。用同样的方法把底座的厚度选择出来，塑造出光影效果，效果如图 3-37 所示。

图 3-37　绘制底座光影效果

小 贴 士

1. "模糊工具"可以柔化图像中的硬边缘或区域，同时减少图像中的细节。它的工作原理是降低像素之间的反差。"锐化工具"与"模糊工具"相反，它是一种使图像色彩锐化的工具，也就是增大像素间的反差。

2. "涂抹工具"使用时产生的效果好像是用干笔刷在未干的油墨上。也就是说笔触周围的像素将随笔触一起移动。

3."减淡工具"常通过提高图像的亮度来校正曝光度。"加深工具"的功能与"减淡工具"相反，它可以降低图像的亮度，通过加暗来校正图像的曝光度。"海绵工具"可精确地更改图像的色彩饱和度，使图像的颜色变得更加鲜艳或更灰暗，如果当前图像为灰度模式，使用"海绵工具"将增加或降低图像的对比度。

能力拓展

请对图 3-38（a）中的太阳镜进行后期处理，使产品效果图更加美观，参考效果图如图 3-38（b）所示。

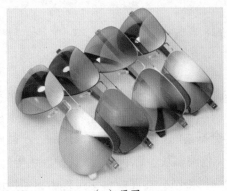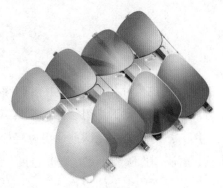

（a）原图   （b）效果图

图 3-38　原图和效果图对比

项目展示与评价

请完成下表，对作品进行展示和评估。

项目评估表

职业能力	项目完成情况	存在问题	自评	互评	教师评价
照片调色能力					
修饰照片瑕疵能力					
产品修图能力					
创新能力					

续表

职业能力	项目完成情况	存在问题	自评	互评	教师评价
团队协作能力					
自主学习能力					
	成绩				
	签字				

注：评价结果用 A、B、C、D 四个等级表示，A 为优秀，B 为良好，C 为合格，D 为不合格。

项 目 小 结

　　本项目通过碎片化的微视频详细介绍了 Photoshop CC 2017 软件色彩调整命令的使用方法，仿制图章工具组、修复工具组的使用方法、加深减淡工具组、涂抹工具组等的使用方法。让学生在课前便可以轻松学会基本的调色、修饰画面瑕疵、产品修图的方法，解决图像曝光不足、曝光过度、图片色调偏灰、简单调色、替换颜色等问题，删除或增添画面中多余的景物，重塑产品的光影细节。在课前自学过程中，通过课前练习题巩固基本操作的技术点和快捷键，带着自学中未能解决的问题到课堂，老师与学生一起解决问题。课堂上，再通过三个实际案例把技术操作点上升到实际应用中，让学生学以致用，真正解决工作中的设计任务。

图像合成

Photoshop 图层蒙版通过蒙版中的灰度信息来控制图像的显示区域，可用于合成图像。通过图层蒙版可以将部分图像遮住，从而控制画面的显示内容，这样做并不会删除图像，而只是将其隐藏起来，因此，蒙版是一种非破坏性的编辑工具。利用图层蒙版可以控制填充图层、调整图层、智能滤镜的有效范围；剪贴蒙版通过一个对象的形状来控制其他图层的显示区域，能通过一个图层来控制多个图层的可见内容；通道是 Photoshop 最核心也是最难的功能之一，所有选区、修图、调色等操作的原理和最终结果都是通道发生了改变。本项目通过三个企业实际案例：男士洗面奶广告、天然有机奶广告设计、啤酒广告，分别介绍利用图层蒙版、剪贴蒙版和通道合成图像。通过本项目的系统学习，可以掌握合成图像的实用方式和方法。

项目目标

知识目标	技能目标	职业素养
➢ 掌握图像合成的相关知识 ➢ 学习蒙版的原理、种类和用途，图层蒙版、剪贴蒙版的创建方法，通道的概念，颜色模式和通道的关系，编辑颜色通道的方法和技巧 ➢ 掌握利用选区生成图层蒙版，利用 Alpha 通道生成选区的方法 ➢ 掌握画笔工具在编辑蒙版中的应用技巧	➢ 利用蒙版、剪贴蒙版和通道合成图像 ➢ 掌握色相 / 饱和度、色彩平衡在图像合成的应用	➢ 自主学习能力 ➢ 团队协作能力

项目任务

任务一：图层蒙版合成

任务二：剪贴蒙版合成

任务三：通道合成

任务一　图层蒙版合成

 课前学习工作页

1. 扫一扫二维码观看相关视频，并完成下面的题目。

创建与编辑图层蒙版　　　图层蒙版与渐变工具结合　　　图层蒙版基本操作

（1）在图层蒙版中，纯白色对应的图像是（　　　）。

A. 可见的　　　　B. 不可见的　　　　C. 半透明的　　　　D. 遮盖图像

（2）在图层中创建图层蒙版后，要查看蒙版中内容的方法是（　　　）。

A. Ctrl+ 单击　　　B. Alt+ 单击　　　C. Shift+ 单击　　　D. Ctrl+Shift+ 单击

（3）在图层中创建图层蒙版后，停止蒙版功能的方法是（　　　）。

A. Ctrl+ 单击　　　B. Alt+ 单击　　　C. Shift+ 单击　　　D. Ctrl+Shift+ 单击

（4）在图层中创建图层蒙版后，将白色部分变成选区的方法是（　　　）。

A. Ctrl+ 单击　　　B. Alt+ 单击　　　C. Shift+ 单击　　　D. Ctrl+Shift+ 单击

（5）快速创建白色层蒙版的方法是（　　　）。

A. Ctrl+ 蒙版按钮　　　　　　　　　B. Alt+ 蒙版按钮

C. Shift+ 蒙版按钮　　　　　　　　　D. Ctrl+Shift+ 蒙版按钮

（6）快速创建黑色图层蒙版的方法是（　　　）。

A. Ctrl+ 蒙版按钮　　　　　　　　　B. Alt+ 蒙版按钮

C. Shift+ 蒙版按钮　　　　　　　　　D. Ctrl+Shift+ 蒙版按钮

2. 完成下列操作：

（1）打开一幅风景图片，新建图层蒙版，利用"渐变工具"垂直填充从黑至白渐变，观察风景图层的变化。

（2）打开一幅花朵图片，添加图层蒙版，在蒙版上使用工具箱中"画笔工具"（快捷键【B】）涂抹黑色，然后再涂抹白色，观察图层的显示情况。

（3）打开一张风景图片，建立选区，然后建立图层蒙版，观察图层显示情况。

课堂学习任务

　　商品广告具有很高的商用价值，对于任何经营性质的商业场所来说，都具有招揽顾客和促销商品的作用。该洗面奶设计广告的主要构思是突出商品的"保水"特性，将洗面奶置于蓝天白云、大海当中，通过夸张设计使消费者驻足观看，进而对广告中的商品产生兴趣。下面就以"男士洗面奶广告"制作为例，详细介绍 Photoshop CC 2017 如何利用图层蒙版合成图像的。最终效果图如图 4-1 所示。

图 4-1　最终效果

学习重点和学习难点

学习重点	图层蒙版的编辑、调整图像的色相 / 饱和度、毛笔字效果制作
学习难点	利用画笔工具编辑图层蒙版

任务实施

广告背景制作

1. 广告背景制作

将"蓝天白云""海水"通过图层蒙版合成广告背景，使用画笔工具做微小调整，再调整"色相/饱和度"使两张图片的颜色更加协调。

01 新建文档。参数设置如图 4-2 所示。

02 导入素材，添加图层蒙版。导入"蓝天白云.jpg"，（素材文件路径\项目 04\任务 1\男士洗面奶\蓝天白云.jpg），导入"海水.jpg"，（素材文件路径\项目 04\任务 1\男士洗面奶\海水.jpg），在"海水"图层单击图层面板按钮■添加图层蒙版，在图层蒙版上填充黑白渐变，效果如图 4-3 所示。

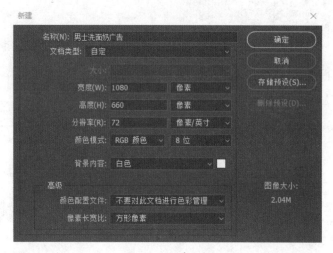

图 4-2　新建文档

图 4-3　合成广告背景

03 调整"色相/饱和度"。选择"海水"图层，单击图层面板按钮■调整"色相/饱和度"，参数如图 4-4 所示。

图 4-4　色相饱和度参数

2. 广告主图制作

广告主图制作

　　该洗面奶的主题是"保水"特性，通过洗面奶冲击海水溅起水花，从而形成视觉冲击。将"洗面奶""水花""海水""树叶"和"水卷"等图片通过图层蒙版合成，再调整"色相 / 饱和度""色彩平衡"等使画面颜色更协调。

01 添加洗面奶素材。导入"洗面奶 .jpg"，（素材文件路径 \ 项目 04\ 任务 1\ 男士洗面奶 \ 洗面奶 .jpg），为"洗面奶"图层添加图层蒙版，按快捷键【B】选择"画笔工具"，设置参数不透明度 不透明度: 30% ，制作洗面奶置入海水中的效果，效果如图 4-5 所示。

图 4-5　添加洗面奶

02 添加水卷素材。导入"水卷.jpg"，（素材文件路径\项目04\任务1\男士洗面奶\水卷.jpg），为"水卷"图层添加图层蒙版，按【B】键使用"画笔工具"对蒙版进行适当修改，单击图层面板中的 ⬛ 选择"色相/饱和度"调整该图层色相/饱和度，用同样方法调整该图层的"色彩平衡"。"色相/饱和度"和"色彩平衡"参数如图4-6所示，效果如图4-7所示。

图 4-6 色相/饱和度和色彩平衡参数

图 4-7 添加水卷素材效果

03 添加水花。导入"水花1.jpg"（素材文件路径\项目04\任务1\男士洗面奶\水花

1.jpg），导入"水花 2.jpg"（素材文件路径＼项目 04＼任务 1＼男士洗面奶＼水花 2.jpg），导入"水花 3.jpg"（素材文件路径＼项目 04＼任务 1＼男士洗面奶＼水花 3.jpg），调整图层的"色彩平衡"，创建图层蒙版，按快捷键【B】选择"画笔工具"对蒙版进行调整。"色彩平衡"参数如图 4-8 所示，效果如图 4-9 所示。

图 4-8　水花色彩平衡参数

图 4-9　添加水花效果

04 添加树叶。导入"树叶 .jpg"（素材文件路径＼项目 04＼任务 1＼男士洗面奶＼树叶 .jpg），将树叶层复制 3 个，并调整好位置。为各个树叶图层添加蒙版，按快捷键【B】利用"画笔工具"修改，使图像合成更加自然。为树叶 1 添加阴影，按快捷键【Ctrl】同时单击"树叶 1"图层创建选区，然后按组合键【Ctrl+Shit+N】创建一个空白图层，命名为"树叶 1 阴影"层，填充黑色，依次执行"滤镜"|"模糊"|"高斯模糊"命

令为"树叶1阴影"添加"高斯模糊"效果，利用同样方法为另外两片叶子添加阴影。高斯模糊参数如图 4-10 所示，效果如图 4-11 所示。

图 4-10　高斯模糊参数

图 4-11　添加树叶效果

3. 添加广告文字效果

　　"男士洗面奶"广告中文字突出"水"字，将该字设计成毛笔效果，从而使广告更具特色。

添加广告文字

01 制作毛笔字效果。打开"笔触.psd"（素材文件路径\项目04\任务1\男士洗面奶\笔触.psd），选取相应的笔画拖到本广告中，并填充白色，效果如图4-12所示。

图4-12　毛笔文字效果

02 添加印章。按快捷键【P】，选择"钢笔工具"制作选区，设置前景色为"洗面奶"瓶身中的蓝色，并填充，依次执行"滤镜"|"杂色"|"添加杂色"命令。添加"男士专用"文字。杂色参数如图4-13所示，最终效果如图4-14所示。

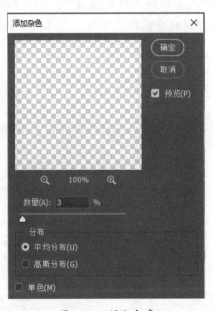

图4-13　添加印章

图 4-14　最终效果

1. 创建选区后，也可以依次执行"图层"|"图层蒙版"|"显示选区"命令，基于选区创建图层蒙版；如果执行"图层"|"图层蒙版"|"隐藏选区"命令，则选区内的图像将被蒙版遮盖。

2. 选择图层蒙版所在的图层，依次执行"图层"|"图层蒙版"|"停用"命令，可以暂时停用图层蒙版，图像会重新显示出来；依次执行"图层"|"图层蒙版"|"应用"命令，可以将蒙版应用到图像中，并删除原先被蒙版遮盖的图像；依次执行"图层"|"图层蒙版"|"删除"命令，可以删除图层蒙版。

3. 添加图层蒙版后，蒙版缩览图外侧有一个白色的边框，它表示蒙版处于编辑状态，此时进行的所有操作应用于蒙版。如果要编辑图像，应单击缩览图，将边框转移到图像上。

能力拓展

请利用图层蒙版合成某化妆品广告，具体效果如图 4-15 所示。

图 4-15　化妆品广告效果

任务二　剪贴蒙版合成

1. 扫一扫二维码观看相关视频，并完成下面的题目。

创建剪贴蒙版

将图层加入或移出剪贴蒙版

释放剪贴蒙版

（1）创建剪贴蒙版组合键是（　　　）。

　　A.【Alt+Ctrl+G】　B.【Alt+Ctrl+M】　C.【Alt+Ctrl+L】　D.【Alt+Ctrl+B】

（2）在剪贴蒙版组中，最下面的图层称为（　　　）。

　　A.基底层　　　　　B.内容图层　　　　C.剪贴蒙版层　　　D.蒙版层

（3）释放剪贴蒙版的组合键是（　　　）。

　　A.【Alt+Ctrl+G】　B.【Alt+Ctrl+M】　C.【Alt+Ctrl+L】　D.【Alt+Ctrl+B】

2. 完成下列操作：

（1）打开一张人物图片，新建一个图层，在该图层上绘制一个正方形，并把该图层移动到底部，执行"图层"|"创建剪贴蒙版"创建剪贴蒙版，观察图像效果。

（2）打开一张人物图片，新建一个图层，在该图层上绘制一个三角形，并把该图层移动到底部，执行"图层"|"创建剪贴蒙版"创建剪贴蒙版，观察缩览图变化。

（3）在第2题的基础上，单击"人物"图层，执行"图层"|"释放剪贴蒙版"命令，观察缩览图变化。

本任务是设计天然有机牛奶广告海报。该广告的主题是"天然有机"。利用素材"草地""泥土"设计一个悬空的草地牧场场景，然后将素材"奶牛""树木"和"牛奶桶"合理摆放并做适当处理，从而合成一幅天然有机牛奶广告。本任务主要用到Photoshop中的"剪贴蒙版""图层蒙版""滤镜""描边"等技术。下面就以设计天然有机牛奶广告为例，详细介绍如何利用Photoshop CC 2017剪切蒙版合成图像的。最终效果如图4-16所示。

图 4-16　最终效果

学习重点和学习难点

学习重点	创建剪贴蒙版的方法、剪贴蒙版的图层结构、释放剪贴蒙版的方法
学习难点	创建和释放剪贴蒙版方法

任务实施

1. 素材准备

本海报需要用到的素材包括"草地""树木""奶牛"等素材。

2. 悬空草地牧场广告场景设计

本海报设计一个悬空草地牧场场景，从而突出牛奶出产地的天然有机，使客户联想到牛奶的质量有保证。首先利用"形状工具"画出草地牧场的形状，然后利用剪贴蒙版合成"草地"和"泥土"，最后利用"画笔工具"做细节处理。

悬空草地牧场场景制作

01 新建文档。依次执行"文件"|"新建"命令创建一个新文档，参数如图 4-17 所示。填充背景颜色，参数如图 4-18 所示。

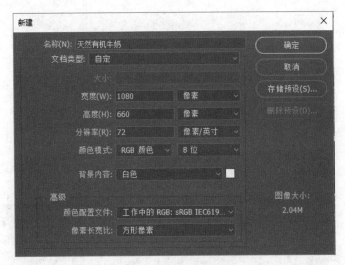

图 4-17　新建文档参数

图 4-18　背景颜色参数

02 绘制"矩形"。使用"矩形工具"绘制矩形，填充较深的颜色，按组合键【Ctrl+T】自由变换，按组合键【Ctrl+Shift+Alt】拉出透视，使用"矩形工具"绘制一个泥土层，填充一个更深一点的颜色，按组合键【Ctrl+Shift+Alt】向内拉出透视。效果如图 4-19所示。

03 拖入素材并创建剪贴蒙版。拖入"草地 .psd"材质素材，（素材文件路径＼项目04＼任务 2＼天然有机牛奶＼草地 .psd），按组合键【Ctrl+T】对草地做适当调整，按组合键【Alt+Ctrl+G】创建剪切蒙版，拖入泥土材质素材，（素材文件路径＼项目04＼任务 2＼天然有机牛奶＼泥土 .psd），按组合键【Ctrl+T】做适当调整，按组合键【Alt+Ctrl+G】创建剪切蒙版，效果如图 4-20 所示。

图 4-19 绘制矩形

图 4-20 创建剪贴蒙版

04 处理草地边缘。选中两个矩形图层，右击并在弹出的快捷菜单中选择"栅格化图层"命令，按快捷键【B】选择"画笔工具"，单击 按钮打开"画笔预设"窗格设置画笔，在"画笔笔尖形状"选择默认的 112 像素"草地笔刷"，选中"平滑""形状动态""散布"选项，调整画笔大小为 36 像素。画笔参数设置如图 4-21 和图 4-22 所示，效果如图 4-23 所示。

图 4-21 画笔笔尖形状和形状动态参数

图 4-22 画笔散布参数 　　　　　图 4-23 草地边缘处理效果

05 泥土边缘处理。打开"画笔预设"窗格，选择默认的 14 像素笔刷，选中"平滑""形状动态""散布""双重画笔"多选框。画笔参数设置如图 4-24 和图 4-25 所示，泥土边缘处理效果如图 4-26 所示。

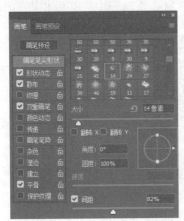

图 4-24 画笔笔尖形状和形状动态参数

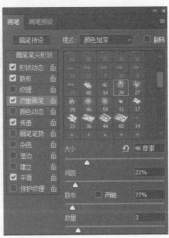

图 4-25 画笔散布和双重画笔参数

图 4-26　泥土边缘处理效果

3. 添加牛奶盒等素材

将"牛奶盒""树木""牛奶桶"等素材拖入海报中，并做相应的细节处理。

添加牛奶盒等素材

01　导入牛奶盒等素材。导入"牛奶盒 .png"素材，（素材文件路径\项目 04\任务 2\天然有机牛奶\牛奶盒 .png），将图层命名为"牛奶盒"；导入"奶牛 1.psd"素材，（素材文件路径\项目 04\任务 2\天然有机牛奶\奶牛 1.psd），将图层命名为"奶牛 1"；导入"奶牛 2.psd"素材，（素材文件路径\项目 04\任务 2\天然有机牛奶\奶牛 2.psd），将图层命名为"奶牛 2"；导入"牛奶桶 .png"素材，（素材文件路径\项目 04\任务 2\天然有机牛奶\牛奶桶 .png），将图层命名为"牛奶桶"；导入"树 1.png"素材，（素材文件路径\项目 04\任务 2\天然有机牛奶\树 1.png），导入"树 2.png"，（素材文件路径\项目 04\任务 2\天然有机牛奶\树 2.png），分别将图层命名为"树 1"，"树 2"。用对草地边缘的处理方法处理"牛奶盒"与草地接触的地方，效果如图 4-27 所示。

02　添加阳光。新建一个图层，填充黑色，依次执行"滤镜"|"渲染"|"镜头光晕"命令，参数如图 4-28 所示。将图层混合模式设置为"滤色"，效果如图 4-29 所示。

图 4-27　导入牛奶盒等素材

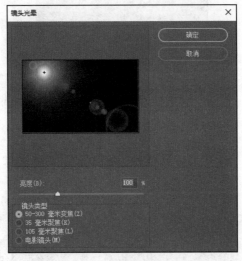

图 4-28　镜头光晕滤镜参数

图 4-29　添加阳光效果

03 添加阴影。在"牛奶盒"图层下新建一个图层，按快捷键【B】选择"画笔工具"，

将画笔形状设置为 ，不透明度设置为50%，在牛奶盒、奶牛、牛奶桶相应的地方涂抹。在泥土图层下新建一个图层，按快捷键【U】选择"形状工具"，绘制一个黑色的矩形，做适当的调整，依次执行"滤镜"|"模糊"|"高斯模糊"命令，参数如图 4-30 所示，效果如图 4-31 所示。

图 4-30　高斯模糊参数

图 4-31　添加草地阴影

4. 添加文字

为天然有机奶广告添加文字。

添加文字

　　将前景色设置为绿色，字体设置为"Gill Sans Ultra Bold"，输入"Milk"和"天然有机奶"调整大小，添加白色描边，最终效果如图 4-32 所示。

图 4-32　最终效果

1. 选择一个内容图层，执行"图层"|"释放剪贴蒙版"命令，可以从剪贴蒙版中释放出该图层。如果该图层上面还有其他内容图层，则这些图层也会一同释放。

2. 在"图层"面板中，将光标放在分隔两个图层的线上，按【Alt】键，单击即可创建剪贴蒙版；按住【Alt】键再次单击则可释放剪贴蒙版。

3. 按组合键【Alt+Ctrl+G】创建剪贴蒙版，再次按组合键【Alt+Ctrl+G】释放剪贴蒙版。

能 力 拓 展

设计一幅海水啤酒广告海报，效果如图 4-33 所示。

图 4-33　海水啤酒广告海报

任务三　通道合成

1. 扫一扫二维码观看相关视频，并完成下面的题目。

通道基本操作　　　　　　　专色通道　　　　　　　Alpha 通道

（1）通道不包括（　　）。

　　　A. 蓝通道　　　　　B. 颜色通道　　　　　C. 专业通道　　　　　D. Alpha 通道

（2）Alpha 通道的用途不包括（　　）。

　　　A. 保存选区　　　　　　　　　　　　B. 将选区存储灰度图像

　　　C. 载入选区　　　　　　　　　　　　D. 图层样式

（3）在 RGB 模式中，选择红通道的快捷键是（　　）。

　　　A.【Ctrl+1】　　　B.【Ctrl+2】　　　C.【Ctrl+3】　　　D.【Ctrl+4】

（4）在 RGB 模式中，选择 Alpha 通道的快捷键是（　　）。

　　　A.【Ctrl+1】　　　B.【Ctrl+2】　　　C.【Ctrl+3】　　　D.【Ctrl+6】

（5）在 RGB 模式中，回 RGB 通道的快捷键是（　　）。

　　　A.【Ctrl+1】　　　B.【Ctrl+2】　　　C.【Ctrl+3】　　　D.【Ctrl+4】

2. 完成下列操作：

（1）打开一张人物图片，分别执行"图像"|"模式"|"RGB 颜色"或"CMYK 颜色"命令，观察"通道"面板的变化。

（2）打开一张人物图片，打开"通道"面板，分别单击"红""绿""蓝"通道，观察图像变化。

为某啤酒厂制作产品宣传广告，广告的主题是"冰爽夏日，畅饮人生"。该广告需要用到的素材包括"啤酒瓶""啤酒杯""水花""鲜果"等。通过 Alpha 通道制作选区将"冰块"层和渐变图层进行处理而合成广告的背景。可以通过"画笔工具"或"渐变工具"对 Alpha 通道进行修改而制作特殊的选区，在图像合成中经常用到该技术，最终效果如图 4-34 所示。

图 4-34　最终效果

学习重点和学习难点

学习重点	通道基本概念、通道基本操作、Alpha 通道与选区的相互转换
学习难点	Alpha 通道与选区的相互转换

任务实施

1.　广告背景制作

本广告的主要色彩是蓝色，利用 Alpha 通道制作选区合成背景。用到的素材是"冰块 .jpg"。

广告背景制作

01 创建文件。打开 Photoshop CC 2017，按【Ctrl+N】组合键新建画布，默认参数设置。参数如图 4-35 所示。

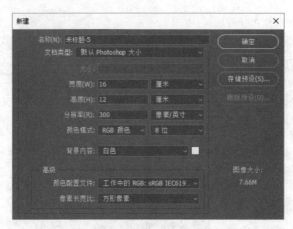

图 4-35 创建文件

02 创建渐变层。选择"渐变工具" ，设置"渐变编辑器"参数，参数设置如图 4-36 所示。新建图层，创建渐变层。

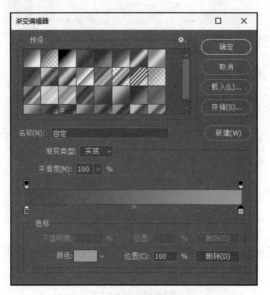

图 4-36 渐变编辑器参数

03 导入素材。导入"冰块.jpg"，（素材文件路径\项目 04\任务 3\啤酒广告\冰块.jpg）新建图层，效果如图 4-37 所示。

04 背景制作。在"通道"面板中单击 按钮创建 Alpha 通道，单击"工具"面板中的 按钮创建椭圆选区，执行"选择"|"修改"|"羽化"命令，将羽化半径设置为 30，设置前景色为白色，单击 按钮填充，如图 4-38 所示。按快捷键【Ctrl】，单击"RGB"通道，返回"图层"面板选择"渐变层"图层，按【Delete】键，效果如图 4-39 所示。

图 4-37　输入文字

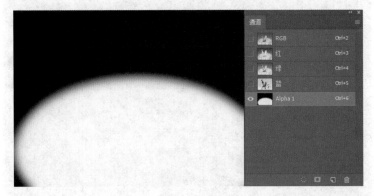

图 4-38　Alpha 通道

图 4-39　背景效果

2. 主图设计

为了表达冰爽的效果，将啤酒瓶、啤酒杯、水果等合成广告的主图添加水花图层。

广告主图设计

01 导入素材。导入"啤酒瓶.jpg"，（素材文件路径\项目04\任务3\啤酒广告\啤酒瓶.jpg），"啤酒杯.jpg"，（素材文件路径\项目04\任务3\啤酒广告\啤酒杯.jpg）设置图层样式和投影，效果和参数如图4-40和图4-41所示。

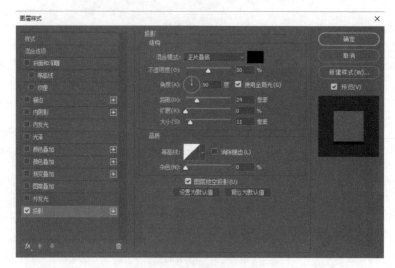

图4-40 投影图层样式参数

图4-41 添加啤酒瓶和啤酒杯效果

02 添加水花。导入"水花.jpg"，（素材文件路径\项目04\任务3\啤酒广告\水花.jpg），按组合键【Ctrl+B】调整色彩，参数和效果如图4-42和图4-43所示。

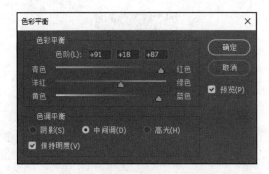

图 4-42　"色彩平衡"对话框

图 4-43　添加水花效果图

03 添加鲜果。导入"鲜果.jpg",（素材文件路径\项目 04\任务 3\啤酒广告\鲜果.jpg），效果如图 4-44 所示。

图 4-44　添加鲜果

3. 添加文字

为啤酒广告图添加文字内容，使广告信息表达更清晰。

添加广告文字

01 添加文字。输入文字，单击 ⬚ 按钮对文字进行变形。参数和效果如图 4-45 和图 4-46 所示。

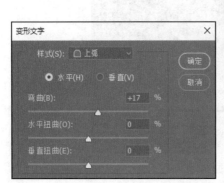

图 4-45 "文字变形"对话框

图 4-46 添加文字

02 文字描边。为文字添加白色的描边，参数和效果如图 4-47 和图 4-48 所示。

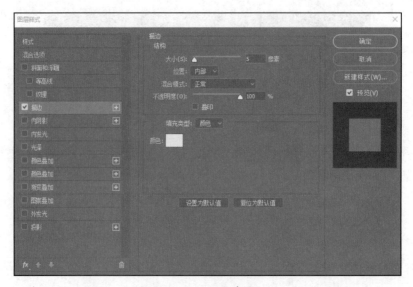

图 4-47 描边参数

图 4-48　最终效果

小 贴 士

1. 按【Ctrl+ 数字】组合键可以快速选择通道。例如，如果图像是 RGB 模式，按【Ctrl+3】组合键可以选择红通道；按【Ctrl+4】组合键可以选择绿通道；按【Ctrl+5】组合键可以选择蓝通道；按【Ctrl+6】组合键可以选择蓝通道下面的 Alpha 通道；如果要回到 RGB 复合通道，可以按【Ctrl+2】组合键。

2. 在 Alpha 通道中，如果小于和等于 50%（倾向于白色），则载入的选区是可见的（呈蚂蚁线状态显示），而当灰度大于 50%（倾向黑色），则载入的选区是不可见的，也就是无法看见蚂蚁线状态的浮动选区。

能 力 拓 展

请为某汽水产品设计一幅广告，效果图如图 4-49 所示。

图 4-49　海报效果图

项目展示与评价

请完成下表，对作品进行展示和评估。

项目评估表

职业能力	项目完成情况	存在问题	自评	互评	教师评价
利用蒙版合成图像能力					
利用剪贴蒙版合成图像的能力					
利用通道合成图像的能力					
创新能力					
团队协作能力					
自主学习能力					
成绩					
签字					

注：评价结果用 A、B、C、D 四个等级表示，A 为优秀，B 为良好，C 为合格，D 为不合格。

项目小结

本项目通过碎片化的微视频详细介绍了 Photoshop 软件图层蒙版、剪贴蒙版和通道的基本概念和使用方法。学生课前通过这些视频能掌握课中需要的知识点，例如，图层蒙版的原理、创建方法，剪贴蒙版的原理、图层结构和创建方法，通道的分类，通道和选区的互换等。在课前自学过程中，通过课前练习题巩固基本操作的技术点和快捷键，带着自学中未能解决的问题到课堂，老师与学生一起解决问题。课堂上，再通过三个实际案例男士洗面奶广告、天然有机牛奶广告和啤酒广告，把技术操作点上升到实际应用中，让学生学以致用，真正解决工作中的设计任务。

滤镜特效

项目导读

在我们绘制图片过程中，很多时候会用到滤镜这个功能，而 Photoshop CC 2017 中自带的滤镜有时候又满足不了我们的要求，那么就需要自己在网络上，找滤镜然后下载，再安装。这就是我们所说的外挂滤镜。

当我们想给一幅图像添加金属效果，可是制作完成后总觉得不是很逼真，这时候我们应该怎么办？通过滤镜我们可以很方便快捷地制作出许多神奇的特效，如金属效果、水波效果和玻璃效果等。而利用 Photoshop CC 2017 中的内置滤镜对图像进行一些特效处理，如扭曲、模糊、艺术绘画和风格化等，从而使一张普通的图片变得绚丽多彩、妙趣横生。

项目目标

知识目标	技能目标	职业素养
➤ 掌握滤镜的相关知识 ➤ 掌握外挂滤镜的安装与使用 ➤ 学习像素化滤镜、杂色滤镜、模糊滤镜、渲染滤镜、锐化滤镜和消失点功能 ➤ 掌握滤镜的各种参数和使用范围	➤ 利用滤镜组中的滤镜制作不同的效果 ➤ 利用特定的滤镜参数制作更逼真的效果	➤ 自主学习能力 ➤ 团队协作能力

项目任务

任务一：外挂滤镜的安装与使用

任务二：利用"滤镜库"命令制作铅笔素描效果

任务三：滤镜特效

任务一 外挂滤镜的安装与使用

课前学习工作页

1. 扫一扫二维码观看相关视频，并完成下面的题目。

自行下载一个外挂滤镜　　　　滤镜的安装　　　　观看滤镜的路径

（1）（　　　）不属于滤镜可制作的效果。

  A. X 坐标　　　　　B. 吹风　　　　　C. 扭曲　　　　　D. 模糊

（2）在风滤镜中风的处理方式不能有（　　　）。

  A. 小风　　　　　B. 风　　　　　C. 大风　　　　　D. 飓风

（3）以下（　　　）色彩模式可使用的内置滤镜最多。

  A. RGB　　　　　B. CMYK　　　　　C. 灰度　　　　　D. 位图

（4）选择"滤镜"|"模糊"子菜单下的（　　　）命令，可以产生旋转模糊效果。

  A. 模糊　　　　　　　　　　B. 高斯模糊

  C. 动感模糊　　　　　　　　D. 径向模糊

（5）选择"滤镜"|"杂色"菜单下的（　　　）命令，可以用来向图像随机地混合杂点，并添加一些细小的颗粒状像素。

  A. 添加杂色　　　　　　　　B. 中间值

  C. 去斑　　　　　　　　　　D. 蒙尘与划痕

（6）选择"滤镜"|"渲染"子菜单下的（　　　）命令，可以设置光源、光色、物体的反射特性等产生较好的灯光效果。

  A. 光照效果　　　　　　　　B. 分层云彩

  C. 3D 变幻　　　　　　　　D. 云彩

（7）选择"滤镜"|"画笔描边"子菜单下（　　　）命令，可以产生类似是饮含黑色墨水的湿画笔在宣纸上进行绘制的效果。

  A. 喷色描边　　　　　　　　B. 油墨概况

  C. 烟灰墨　　　　　　　　　D. 阴影线

（8）（　　　）滤镜只对 RGB 颜色模式和灰度模式的图像起作用，使用这组滤镜会为图片添加绘画的美术效果。

  A. 素描　　　　　　　　　　B. 艺术效果

  C. 纹理　　　　　　　　　　D. 像素化

（9）下列（　　　）滤镜在灰度模式、RGB 颜色模式、CMYK 颜色模式、LAB 颜色模式下都能起作用。

  A. 素描　　　　　B. 杂色　　　　　C. 纹理　　　　　D. 画笔描边

（10）下列可以使图像产生立体光照效果的滤镜是（　　　）。

    A. 风　　　　　　　　　　　　B. 等高线

    C. 浮雕效果　　　　　　　　　D. 照亮边缘

2. 完成下列操作：

（1）自行上网下载一个外挂滤镜，观察外挂滤镜安装的路径与位置。

（2）自行安装下载的滤镜，然后启动 Photoshop CC 2017 找到已安装的滤镜。

课堂学习任务

    某广告公司接到客户送过来的一张照片，要求对其进行美化处理，小明在接到任务后，第一件事情就是对照片进行仔细分析，他发现原始照片因为拍摄环境问题曝光不足；有的拍摄过程中面部暗淡，影响整体画面效果；有的画面色彩平淡，缺乏艺术感。这些第一手图片都无法直接打印交给客户，必须通过 Photoshop CC 2017 软件对其进行较色、调色，美化后才能打印。下面就以给照片打造漂亮的逆光氛围为例，详细介绍 Photoshop CC 2017 如何利用外挂滤镜对照片进行后期艺术处理。最终效果图如图 5-1 所示。

图 5-1　最终效果图

学习重点和学习难点

学习重点	外挂滤镜的下载与安装
学习难点	外挂滤镜相关参数的设置

任务实施

1. 外挂滤镜的下载与安装

外挂滤镜是由第三方开发，是对 Photoshop CC 2017 滤镜的补充，而且安装后，可以和自带的滤镜一样使用。

光线滤镜的下载与安装

01 我们需要下载外挂滤镜，图 5-2 中是已经下载好的一个滤镜安装包。

图 5-2　光线滤镜安装包

02 下载好的滤镜要先放到指定的文件夹里，无论把 Photoshop CC 2017 软件安装到哪个盘里。滤镜是要安装在 C:\Photoshop CC 2017\Adobe Photoshop CC 2017\Plug-ins 的目录下，也即是最终的 Plug-ins 里面，如图 5-3 所示。

图 5-3　外挂滤镜的安装路径

03 把安装包放到指定文件夹后，解压安装包，外挂滤镜的安装就完成了，如图 5-4
所示。

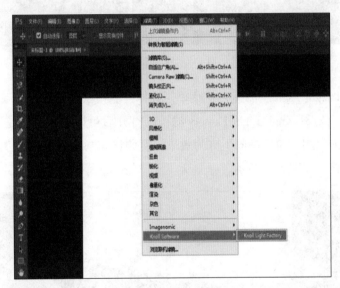

图 5-4　解压后的安装包

04 打开 Photoshop CC 2017 软件，单击"滤镜"| Knoll Software | Knoll Light Factory 菜
单，如图 5-5 所示。

图 5-5　成功安装滤镜

2. 给照片打造漂亮的逆光氛围

小明通过对客户照片的分析，决定用经典的光线滤镜对照片进行处理，从而增强
照片的视觉冲击力，照片通过光线滤镜的参数调整的艺术化修饰，使照片更具有艺术
性和观赏性，也更符合客户的需求。

给照片打造漂亮的逆光氛围

01 启动 Photoshop CC 2017 软件，打开素材文件"逆光黄昏照片原图 .jpg"，对素材进行图层复制，得到背景图层副本。这样可以保留原照片信息，不破坏原照片，以便最后修改之需，参数和效果图如图 5-6 所示。

图 5-6　复制图层

02 使用 Knoll Light Factory 滤镜，在菜单栏选择"滤镜"| Knoll SoftWare | Knoll Light Factory 命令即可打开 Knoll Light Factory 滤镜，打开后可以看到左边是各种特效，可以根据需求双击启用，窗口中间下方为效果强度调整和画面放大，右边为每个特效中的元素参数调整，如图 5-7 所示。

图 5-7　Knoll Light Factory 滤镜界面

03 根据需要的效果，在左侧效果栏选中 SUNSET 特效，这个效果更接近拍摄时的日落，而且效果内的元素少，这样更容易操作和调节。在照片中看到，原片的高光位置在上方中间部位，于是将鼠标移动到该位置后单击，然后调节下方的亮度和规模大小，其他的不用调整，效果如图 5-8 所示 。

图 5-8　添加特效后的效果

04 右边的效果栏里元素很多，只需要用到"发光球"即可。取消选中另外的两个元素，只选择发光球，然后可以看到右下方有该元素的一些调整参数，大部分都已经不需要调整，内外部颜色可以根据照片实际的色温来自定义色彩，这里系统默认的已经很接近照片所需要的色彩，所以不用调整。参数和效果图如图 5-9 所示。

图 5-9　参数和效果图

05 为了进一步提升照片的氛围感，增加"聚蔓延"的效果，参数和效果图如图 5-10 所示。

图 5-10 "聚蔓延"效果提升照片氛围感

06 经过以上的步骤，最终效果如图 5-11 所示。

图 5-11 终效果图

小 贴 士

1. 外挂滤镜的安装一定要把下载好的滤镜放在相对应的文件夹内。

2. 在运用 Knoll Light Factory 滤镜对照片进行美化的过程中，如果感觉第一次效果不是很好，可以进行添加特效操作并适当运用参数来调整对比度。

3. 在照片饱和度的调整上要综合运用"色阶"和"色相/饱和度"工具加以辅助。

能 力 拓 展

请为图 5-12 中的（a）图进行美化处理。效果图如（b）图所示。

（a）原图　　　　　　　　　　　　　　　（b）效果图

图 5-12　对比图

任务二　利用"滤镜库"命令制作铅笔素描效果

课前学习工作页

1. 扫一扫二维码观看相关视频，并完成下面的题目。

画笔描边滤镜的使用　　　　　锐化滤镜的使用　　　　　素描滤镜的使用

（1）色彩深度是指在一个图像中（　　　）的数量。

　　　A. 颜色　　　　　　　B. 饱和度　　　　　　C. 亮度　　　　　　　D 灰度

（2）下列（　　　）可以选择连续的相似颜色的区域。

　　　A. 矩形选框工具　　B. 椭圆选框工具　　C. 魔棒工具　　　　D. 磁性套索工具

（3）若要进入快速蒙版状态，应该（　　　）。

　　　A. 建立一个选区　　　　　　　　　　B. 选择一个 Alpha 通道

　　　C. 单击工具箱中的快速蒙版图标　　D. 单击编辑菜单中的快速蒙版

（4）滤镜中的（　　　）效果，可以使图像呈现塑料纸包住的效果；该滤镜使图
　　　像表面产生高光区域，好像用塑料纸包住物体时产生的效果。

　　　A. 塑料包装　　　B. 塑料效果　　　C. 基底凸现　　　D. 底纹效果

（5）下面对于高斯模糊叙述正确的是（　　　）。

　　　A. 可以对一幅图像进行比较精细的模糊

　　　B. 对图像进行很大范围的调整，产生区间很大的各种模糊效果

C.使选区中的图像呈现出一种拍摄高速运动中的物体的模糊效果

D.用于消除图像中颜色明显变化处的杂色，使图像变得柔和

（6）Photoshop CC 2017 中要重复使用上一次用过的滤镜应按（　　　）组合键。

A.【Ctrl + F】　　　　　　　　　　　B.【Alt + F】

C.【Ctrl + Shift + F】　　　　　　　D.【Alt + Shift + F】

（7）下面（　　　）滤镜可以用来去掉扫描照片上的斑点，使图像更清晰。

A."模糊" |"高斯模糊"　　　　　　　B."艺术效果" |"海绵"

C."杂色" |"去斑"　　　　　　　　　D."素描" |"水彩画笔"

（8）下列对滤镜描述不正确的是（　　　）。

A.可以对选区进行滤镜效果处理，如果没有定义选区，则默认为对整个图像进行操作

B.在索引模式下不可以使用滤镜，有些滤镜不能使用 RGB 模式。

C.扭曲滤镜主要功能让一幅图像产生扭曲效果。

D.3D 变换滤镜可以将平面图像转换成为有立体感的图像

（9）下列（　　　）工具可以存储图像中的选区。

A.路径　　　　　B.画笔　　　　　C.图层　　　　　D.通道

2.完成下列操作：

打开图片"建筑 .jpg"，（素材文件路径：目标文件 \ 项目 05\ 任务 2\ 课前学习工作页 \ 建筑 .jpg）。

课堂学习任务

小张在学校的平面设计工作室担任主编。一天他接到一个任务，一位同学请他帮忙，要把一张照片做出类似于铅笔素描的效果，用到校刊的美术版面。小张马上想到运用滤镜库命令可以完成。下面就以这照片为例，详细介绍在 Photoshop CC 2017 软件里的滤镜库命令，最终效果如图 5-13 所示。

图 5-13　最终效果图

学习重点和学习难点

学习重点	去色命令，色阶命令，滤镜库命令
学习难点	图像去色，调整色阶，滤镜库

任务实施

制作铅笔素描效果

01 打开图像文件"建筑.jpg"，如图 5-14 所示。

图 5-14 "建筑"图像

02 复制图层并去色，在"图层"面板中选中"背景"图层，按【Ctrl+J】组合键，复制背景图层。选中复制得到的图层，执行"图像"|"调整"|"去色"命令，去掉图像的颜色，如图 5-15 所示。

图 5-15 去掉图像的颜色

03 调整图像色阶，执行"图像"|"调整"|"色阶"命令，弹出"色阶"对话框，拖动"输入色阶"的第三个滑块，调整图像的黑白对比度，单击"确定"按钮，如图 5-16 所示。

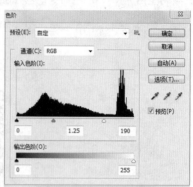

图 5-16　调整图像的黑白对比度

04 使用滤镜库，执行"滤镜"|"滤镜库"命令，弹出"滤镜库"窗口，单击"素描"左侧下的三角按钮，在展开的子菜单中选择"绘画笔"滤镜；在对话框右侧的参数设置区中设置绘画笔参数，单击"确定"按钮，如图 5-17 所示。

图 5-17　使用"绘画笔"滤镜

05 为照片添加绘画滤镜，制作铅笔素描效果如图 5-18 所示。

图 5-18　铅笔素描效果

小 贴 士

1. "图像" | "调整"子菜单下提供了许多图像调整的命令，建议在调整过程中，每个命令调整的幅度不宜过大，以免损失过多的细节，可通过多个命令，多次的调整，达到理想效果。

2. "色彩平衡"主要是改变图像中颜色的混合，提供一般的色彩校正。如果要想精确控制单个颜色，应使用"色阶""曲线"或专门的色彩校正工具（如："色相 / 饱和度""替换颜色""通道混合器"或"可选颜色"）。"色阶"可以处理曝光不足的照片，同理，通过对暗部、灰部和亮部的调整，也可以处理曝光过度的照片或者照片偏灰、对比度不强的照片。

 能力拓展

请运用渲染滤镜、风格化滤镜、模糊滤镜制作褶皱效果，原图和效果图如图 5-19 所示。

（a）原图

（b）效果图

图 5-19　对比图

任务三　滤 镜 特 效

 课前学习工作页

1. 扫一扫二维码观看相关视频，并完成下面的题目。

渲染滤镜的使用

液化滤镜的使用

杂色滤镜的使用

（1）在设定层效果（图层样式）时（　　）。

    A. 光线照射的角度时固定的

    B. 光线照射的角度可以任意设定

    C. 光线照射的角度只能是 60°、120°、250° 或 300°

    D. 光线照射的角度只能是 0°、90°、180° 或 270°

（2）当图像是（　　）时，所有的滤镜都不可以使用（假设图像是 8 位 / 通道）？

    A.CMYK 模式　　　　　　　　　　B. 灰度模式

    C. 多通道模式　　　　　　　　　　D. 索引颜色模式

（3）Alpha 通道最主要的用途是（　　）？

    A. 保存图像色彩信息　　　　　　　B. 保存图像未修改前的状态

    C. 用来存储和建立选择范围　　　　D. 为路径提供通道

（4）下面（　　）可以将图像自动对齐和分布。

    A. 调节图层　　　　B. 链接图层　　　　C. 填充图层　　　　D. 背景图层

（5）下列关于背景层的描述正确的是（　　）？

    A. 在图层调板上背景层是不能上下移动的，只能是最下面一层

    B. 背景层可以设置图层蒙版

    C. 背景层不能转换为其他类型的图层

    D. 背景层不可以执行滤镜效果

（6）"自动抹掉"选项是（　　）的功能。

    A. 画笔工具　　　　B. 喷笔工具　　　　C. 铅笔工具　　　　D. 直线工具

（7）当将浮动的选择范围转换为路径时，所创建的路径的状态是（　　）。

    A. 工作路径　　　　B. 开放的子路径　　C. 剪贴路径　　　　D. 填充的子路径

（8）欲使两个 Alpha 通道载入的选区合并到一起，在执行命令的时候须按住（　　）。

    A.【Ctrl】键　　　　　　　　　　　B.【Alt】/【Option】键

    C.【Shift】键　　　　　　　　　　　D.【Return】键

（9）下列（　　）是 Photoshop CC 2017 图象最基本的组成单元。

    A. 节点　　　　　　B. 色彩空间　　　　C. 像素　　　　　　D. 路径

（10）色彩深度是指在一个图像中（　　　）数量。

  A. 颜色　 B. 饱和度　 C. 亮度　 D. 灰度

2. 完成下列操作：

打开图片"麦田 .jpg"，(素材文件路径：目标文件 \ 项目 05\ 任务 2\ 课前学习工作页 \ 麦田 .jpg)，查看照片的 RGB 信息。

课堂学习任务

  小张就读中职学校，在学习之余和具有相同爱好的几个同学成立了一个图形图像工作室。某天，客户拿来一张图片想请他帮忙处理，小张想借助 Photoshop CC 2017 软件的滤镜功能，对照片进行后期调整，从而使照片变得绚丽多彩。最终效果如图 5-20 所示。

图 5-20　最终效果

学习重点和学习难点

学习重点	色阶、曲线、色相 / 饱和度、色彩平衡、可选颜色、替换颜色、照片滤镜、匹配颜色、通道混合器
学习难点	通过直方图分析照片的黑白灰分布情况，根据具体照片进行针对性的色彩调整

任务实施

运用滤镜特效制作麦田效果

01 启动 Photoshop CC 2017，打开"麦田 .jpg"素材文件，如图 5-21 所示。

图 5-21　打开素材文件

02 执行"图像"｜"模式"｜"灰度"命令，弹出"信息"对话框，单击"扔掉"按钮，将图像转为灰度模式，效果图如图 5-22 所示。

图 5-22　灰度模式

03 执行"图像"｜"模式"｜"RGB 模式"命令，将图像转换成 RGB 模式，如图 5-23 所示。

图 5-23　RGB 模式

04 执行"图像"|"调整"|"色相/饱和度"命令，弹出"色相/饱和度"对话框。选中"着色"复选框，对图像的"色相""饱和度""明度"参数进行设置，然后单击"确定"按钮，效果图和参数如图 5-24 所示。

图 5-24　"色相/饱和度"对话框

05 单击"图层"面板中的"创建新图层"按钮，然后将新图层填充为黑色，如图 5-25 所示。

06 执行"滤镜"|"杂色"|"添加杂色"命令，弹出"添加杂色"对话框。在"数量"文本框中输入"60"，然后单击"确定"按钮，如图 5-26 所示。

图 5-25　新建图层并填充

图 5-26　"添加杂色"对话框

07 执行"图像"|"调整"|"阈值"命令，弹出"阈值"对话框。在"阈值色阶"文本框中输入"120"，然后单击"确定"按钮，如图 5-27 所示。

08 执行"滤镜"|"模糊"|"动感模糊"命令，弹出"动感模糊"对话框。设置角度为"90"，距离为"999"像素，然后单击"确定"按钮，如图 5-28 所示。

图 5-27　阈值对话框

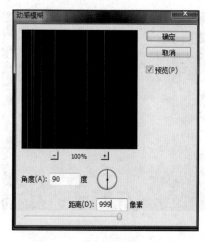

图 5-28　"动感模糊"对话框

09 选择"图层 1"，然后单击，将其拖放到"创建新图层"按钮上，生成"图层 1 副本"如图 5-29 所示。

10 选择"图层 1 副本"，执行"滤镜"|"杂色"|"添加杂色"命令，弹出"添加杂色"对话框。在"数量"文本框中输入"50"，然后单击"确定"按钮，如图 5-30 所示。

11 设置"图层 1"和"图层 1 副本"的混合模式为"滤色"，图像的最终效果如图 5-31 所示。

图 5-29　复制图层

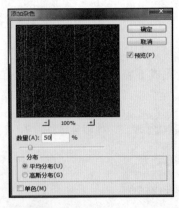

图 5-30　"添加杂色"对话框

图 5-31　最终效果

能力拓展

用液化滤镜的功能修改图 5-32（a），效果图如图 5-32（b）所示。

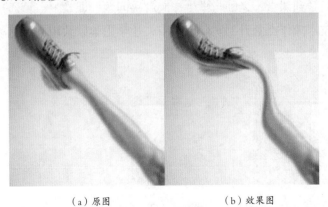

（a）原图　　　　　　　　（b）效果图

图 5-32　对比图

项目展示与评价

请完成下表，对作品进行展示和评估。

项目评估表

职业能力	项目完成情况	存在问题	自评	互评	教师评价
照片调色能力					
修饰照片瑕疵能力					
产品修图能力					
创新能力					
团队协作能力					
自主学习能力					
成绩					
签字					

注：评价结果用 A、B、C、D 四个等级表示，A 为优秀，B 为良好，C 为合格，D 为不合格。

项 目 小 结

本项目通过碎片化的微视频详细介绍了 Photoshop CC 2017 中滤镜特效的使用方法，在课前自学过程中，通过课前练习题巩固基本操作的技术点和快捷键，带着自学中未能解决的问题到课堂，老师与学生一起解决问题。课堂上，再通过一个与生活密切相关案例把技术操作点上升到实际应用中，让学生学以致用，真正解决工作中的设计任务。

项目六

文字处理

项目导读

平面设计中文字的设计与应用至关重要，无论是海报设计、画册设计、网页设计、电商设计、App 界面设计，其中涉及的文字都需要设计或排版。不同的字体会给人带来不同的视觉效果，不同的字体造型会使字体拥有不同的性格，而字体的不同性格也会给人带来不同的情感体验。本项目通过三个企业实际案例：1. CD 专辑封面设计；2. 网络游戏文字特效制作；3. 母亲节贺卡设计。分别介绍文字创建、变形、特效、应用的方法。通过本项目的系统学习，可以掌握文字设计的应用和方法，解决"为什么要进行文字设计和排版""怎么设计？怎么排版"的疑惑，了解流行文字的处理技巧和方法、文字特效制作，以及文字排版方法。本项目主要利用软件工具箱中文字工具，设计出不同类型的文字，如 CD 专辑封面、贺卡、特效字、海报等，并通过对文字的编辑排版和变形来制作平面设计作品。

项目目标

知识目标	技能目标	职业素养
➤ 理解文字设计的相关知识 ➤ 学习文字工具组、学习文字图层 ➤ 学习文字的创建、变形、应用 ➤ 学习创建路径文字 ➤ 学习设置工具选项栏、设置文本格式、设置段落格式	➤ 熟练使用文字工具创建各种类型文字 ➤ 能够掌握文字的高级应用 ➤ 掌握文字的排版	➤ 自主学习能力 ➤ 团队协作能力

项目任务

任务一：字形修改

任务二：特效字制作

任务三：文字版式编排

任务一 字形修改

 课前学习工作页

1. 扫一扫二维码观看相关视频，并完成下面的题目。

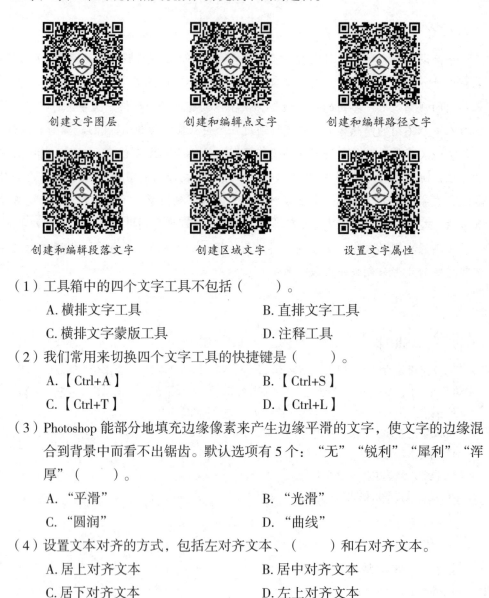

创建文字图层　　　　　创建和编辑点文字　　　　创建和编辑路径文字

创建和编辑段落文字　　　创建区域文字　　　　　设置文字属性

（1）工具箱中的四个文字工具不包括（　　　）。

    A. 横排文字工具　　　　　　　　B. 直排文字工具

    C. 横排文字蒙版工具　　　　　　D. 注释工具

（2）我们常用来切换四个文字工具的快捷键是（　　　）。

    A.【Ctrl+A】　　　　　　　　　B.【Ctrl+S】

    C.【Ctrl+T】　　　　　　　　　D.【Ctrl+L】

（3）Photoshop 能部分地填充边缘像素来产生边缘平滑的文字，使文字的边缘混合到背景中而看不出锯齿。默认选项有 5 个："无""锐利""犀利""浑厚"（　　　）。

    A. "平滑"　　　　　　　　　　B. "光滑"

    C. "圆润"　　　　　　　　　　D. "曲线"

（4）设置文本对齐的方式，包括左对齐文本、（　　　）和右对齐文本。

    A. 居上对齐文本　　　　　　　　B. 居中对齐文本

    C. 居下对齐文本　　　　　　　　D. 左上对齐文本

（5）单击色块，可以在打开的（　　　）中设置文字的颜色。

    A. 样式　　　　　　　　　　　　B. 图层面板

    C. 拾色器　　　　　　　　　　　D. 字符样式

2. 完成下列操作：

（1）打开一张图片，尝试创建和编辑点文字。

（2）打开一张图片，尝试创建和编辑路径文字。

（3）打开一张图片，尝试创建和编辑段落文字。

（4）打开一张图片，尝试创建区域文字。

课堂学习任务

　　多媒体工作室接到任务，需要为七月七日晴专辑设计 CD 封面。下面就以 CD 的封面设计为例，详细介绍 Photoshop CC 2017 的文字应用。最终效果如图 6-1 所示。

图 6-1　最终效果图

学习重点和学习难点

学习重点	创建点文字、路径文字、段落文字、区域文字
学习难点	通过修改字形的方式，根据具体需求进行针对性的字体设计

任务实施

CD 专辑封面设计

1. 字形修改

字体设计能传达一定的信息，设计定位是设计字体的第一个步骤。因此在设计字体之前，应该先收集目标的相关资料进行分析，然后寻找适当的设计载体和切入点。字体设计的重点是符合主题的要求，所以需要根据不同受众的需求设计出合适的字体。

01 创建文件。启动 Photoshop，按【Ctrl+N】组合键新建画布，设置文件大小和分辨率。参数和效果图如图 6-2 所示。

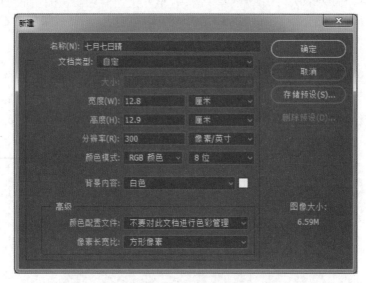

图 6-2　创建文件

02 输入文字。利用"横排文字工具"输入"七月七日晴"，颜色为灰色值#6d6d6d，在"文本"属性栏中设置字体、字号和颜色，生成文字图层，参数和效果图如图 6-3 所示。

图 6-3　输入文字

03 把图层转换为形状。选择文字图层，将其拖拽到"创建新图层"图标，复制文字图层；再单击文字图层前面的"指示图层可见性"按钮；然后右击复制图层，选择"转换为形状"命令，将拷贝文字图层转换成形状图层，如图 6-4 所示。

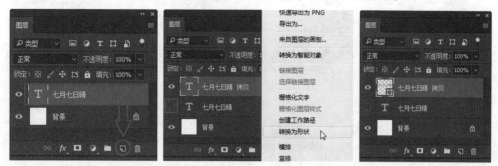

图 6-4　把文字图层转换为形状图层

04 设置参考线。按【Ctrl+R】组合键调出标尺，鼠标单击标尺同时下拉设置辅助线，效果图如图 6-5 所示。

图 6-5　设置参考线

05 移动锚点。选择"直接选择工具" ![箭头]，单击"七"字，使其进入待编辑状态，分别选取红色圈选的 6 个锚点，按键盘上的向下方向键，一直移动到合适的位置，效果图如图 6-6 所示。另外一个"七"字做同样的操作，并向外拖拽参考线，将参考线删除。

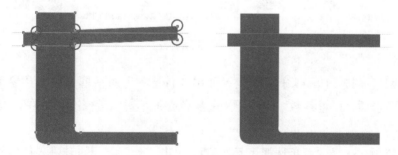

图 6-6　移动锚点

06 将圆角变成直角。选择"直接选择工具" ![箭头]，单击"七"字，使其进入待编辑状态，然后选择"转换点工具" ![图标]，单击"七"字弯角处的 4 个锚点，效果图如图 6-7 所示。

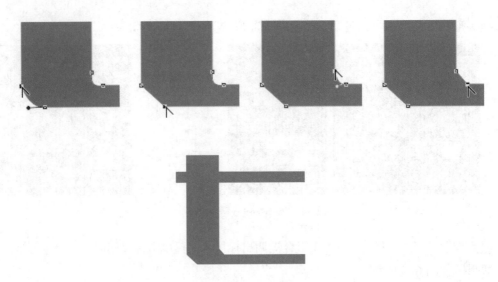

图 6-7   将圆角变成直角

07 笔画修改。利用"直接选择工具" ▶ 和"转换点工具" ▶，使用同上的方法将其他文字的弯角也转变成直角，效果图如图 6-8 所示。

图 6-8   笔画修改

08 设置网格。按【Ctrl+K】组合键，弹出"首选项"对话框，单击"参考线、网格和切片"选项，设置参数。将图层 1 的颜色叠加不透明度修改为 100%，如图 6-9 所示。

09 统一笔画。选择"直接选择工具" ▶，单击"七"字，使其进入待编辑状态，然后按【Shift】键选取锚点，用键盘的向下方向键，调整锚点的位置。将"七"字横笔画做一样的操作，将其他文字做一样的操作，效果图如图 6-10 所示。

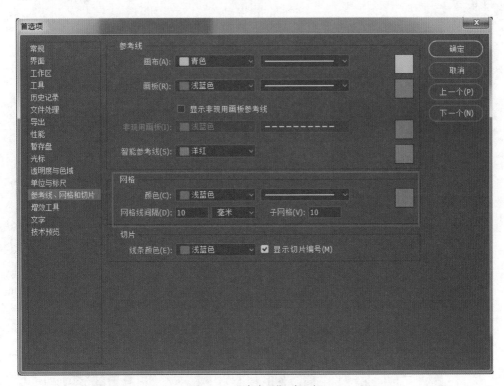

图 6-9　"首选项"对话框

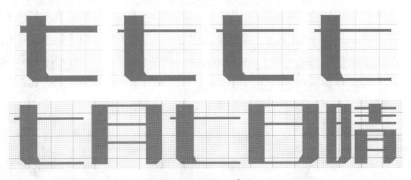

图 6-10　统一笔画

10 调整笔画的位置。选择"直接选择工具" ，单击文字，使其进入待编辑状态，然后按【Shift】键选取需要移动的笔画的锚点，用键盘的向上和向下方向键，移动该笔画锚点的位置，效果图如图 6-11 所示。

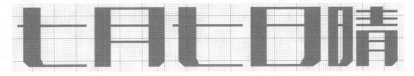

图 6-11　调整笔画的位置

11 删除部分笔画。右击形状图层，选择"栅格化图层"命令，将形状图层转换为普通图层。选择"矩形选框工具" ，分别选取"月""日""晴"字的部分笔画，然后按【Delete】键进行删除，效果图如图 6-12 所示。

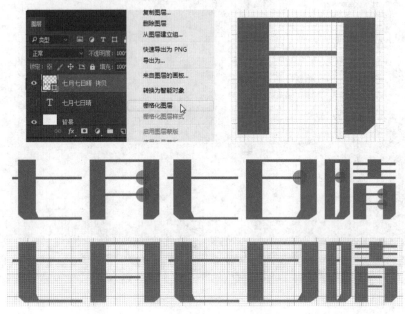

图 6-12 删除部分笔画

12 添加装饰角。选择"钢笔工具" ，绘制一个三角形，按【Ctrl+Enter】组合键载入选区，新建图层 1，填充灰色值 #6d6d6d。然后复制 10 个图层 1，将三角形放在适当的位置，参数和效果图如图 6-13 所示。

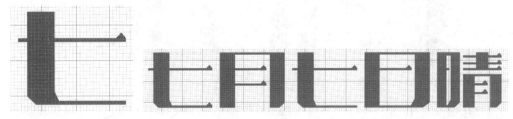

图 6-13 添加装饰角

13 合并图层。按【Ctrl+'】组合键，隐藏网格。在"图层"面板选取除背景外的所有可见图层，单击"图层"面板右上角的按钮 ，选择"合并图层"命令，效果图如图 6-14 所示。

图 6-14　合并图层

2. 设置背景

由于是 CD 专辑的封面设计，考虑到要与 CD 专辑名称搭配适当，所以最终筛选了一张阳光灿烂、大面积树叶的图片作为封面背景。

01 新建文件。按【Ctrl+N】组合键新建画布，设置文件大小和分辨率，参数和效果图如图 6-15 所示。

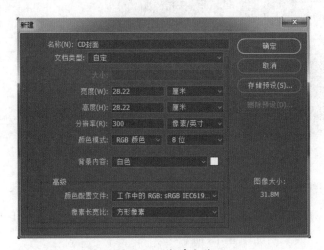

图 6-15　新建文件

02 置入素材。打开素材"叶子.jpg"（素材文件路径：目标文件\项目06\任务1\字形修改\叶子.jpg），把图片拖拽到文件中，生成"图层1"，并按【Ctrl+T】组合键调整图片大小和位置，将"图层 1"的不透明度改为 65%，效果图如图 6-16 所示。

图 6-16　置入素材

03　置入文字。将"七月七日晴"的文字设计拖拽到文件中，生成"图层 2"。将"图层 2"载入选区，改变字体颜色值为 #583b1d，双击"图层 2"，弹出"图层样式"对话框，选择"投影"选项，设置参数，然后单击图层面板右上角的按钮▤，选择"合并可见图层"命令，参数和效果图如图 6-17 所示。

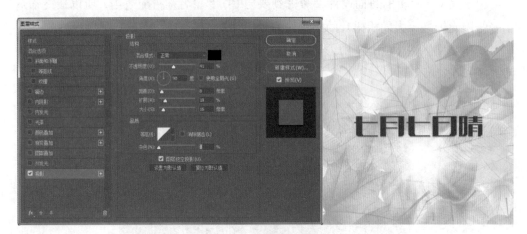

图 6-17　设置图层样式

04　最终效果。打开素材 6.1.2，把之前编辑的图片按【Ctrl+A】组合键全选，然后按【Ctrl+V】组合键复制到当前文件中，生成"图层 1"，并按【Ctrl+T】组合键调整图片大小和位置，效果图如图 6-18 所示。

图 6-18　最终效果图

小 贴 士

1. 选择"路径选择工具"或"直接选择工具"，选择路径并拖动鼠标将路径拖放到新的位置，释放鼠标后，即可移动路径文字的位置。

2. 输入文字时如果要换行，可以按下【Enter】键。如果要移动文字的位置，可以单击"移动工具"，再将鼠标放在字符上拖动鼠标即可。

3. 在文本输入的状态下，鼠标单击 3 次可以选择一行文字，鼠标单击 4 次可以选择整个段落，按【Ctrl+A】组合键可以选择全部的文本。

4. 在单击并拖动鼠标定义文字区域时，如果同时按住【Alt】键，会弹出"段落文字大小"对话框，输入"宽度"和"高度"值，可以精确定义文字区域的大小。

能力拓展

请为山茶花品牌设计标准字体。字体的笔画简约，但又不失柔美。设计时字形不需太过于花哨，再配上唯美的背景装饰，设计效果如图 6-19 所示。

图 6-19　山茶花字体设计效果

任务二　特效字制作

 课前学习工作页

1. 扫一扫二维码观看相关视频，并完成下面的题目。

文本变形

自由变换变形

操控变形

液化变形

（1）我们常用文本变形来创建文字变形效果，其中不属于文本变形的样式是
（　　）。

A. 扇形　　　　　B. 晶格化　　　　　C. 拱形　　　　　D. 波浪

（2）对文本图层执行自由变换命令的组合键是（　　）。

A.【Ctrl+T】　　B.【Ctrl+M】　　　C.【Ctrl+L】　　　D.【Ctrl+B】

（3）将文本（　　）后，可以使用"编辑"|"操控变形"命令变形文本。

A.【Ctrl+U】　　B.【Ctrl+M】　　　C.【Ctrl+L】　　　D.【Ctrl+B】

（4）栅格化之后的文本不再具备文本的（　　）。

A. 路径　　　　　B. 基础性能　　　　C. 基本属性　　　　D. 变形

（5）在 Photoshop CC 2017 "字符"面板中，可选择文字字号，默认字号范围为
（　　）磅；也可以直接输入字号数值。

A. 6 ~ 72　　　　B. 7 ~ 72　　　　　C. 8 ~ 72　　　　　D. 10 ~ 72

2. 完成下列操作：

（1）打开一张图片，尝试创建文本变形。

（2）打开一张图片，尝试把文本图层通过自由变换变形。

（3）打开一张图片，文本栅格化后，尝试通过操控变形。

（4）打开一张图片，尝试使用液化变形。

课堂学习任务

　　《银河纪元》是一款大型 3D 网络游戏，游戏以即时战略游戏《星战》的剧情为历史背景，依托《星战》的历史事件和英雄人物，《银河纪元》有着完整的历史背景时间线。遥远的未来，地球资源耗尽，殖民其他星球成了各大行星的首要目标。银河系里各个行星的智慧生命体，开始造宇宙飞船，到遥远的星球去寻找资源。而这样寻找资源智慧生命体，就是宇宙探险者。玩家在《银河纪元》中冒险、完成任务、历险、探索未知的世界、征服怪物等。

　　多媒体工作室接到任务，需要为设计好的文字做适合游戏背景的特效。下面就以《银河纪元》的游戏文字特效为例，详细介绍 Photoshop CC 2017 制作特效字的过程。最终效果如图 6-20 所示。

图 6-20　最终效果

学习重点和学习难点

学习重点	文字变形、自由变形、操控变形、液化变形
学习难点	根据具体需求进行针对性的文字特效制作

任务实施

游戏文字制作特效

1. 文字特效制作

游戏文字因为要与游戏内容背景的风格相符，因此要设计出酷炫的特效感觉。在色彩上要能体现出冰冷的星空。这个案例的文字特效基本用图层样式来完成，制作的时候需要在细节及颜色上下功夫，多尝试一些图层样式的参数设置，把文字的发光、立体感，肌理等完美表现出来。

01 创建文件。打开 Photoshop，按【Ctrl+N】组合键新建画布，设置文件大小和分辨率。把素材"银河纪元 .png"（素材文件路径：目标文件 \ 项目 06\ 任务 2\ 特效字制作 \ 银河纪元 .png）拖拽到文件中，生成"图层 1"，如图 6-21 所示。

图 6-21　创建文件

02 为文字添加斜面和浮雕效果。双击"图层 1"，弹出"图层样式"对话框，选中"斜面和浮雕"选项，参数和效果图如图 6-22 所示。"方法"的设置决定棱角边缘的对比度。

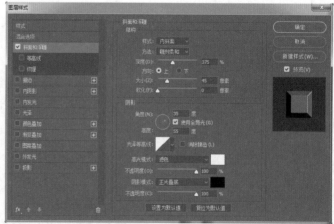

图 6-22　添加斜面和浮雕效果

03 对素材进行图像处理。打开纹理素材 6.2.2，因只需要铁锈斑驳的纹理，因此执行菜单"图像"|"调整"|"去色"命令。按【Ctrl+L】组合键打开"色阶"命令，调整亮部与暗部增强对比。然后执行菜单"编辑"|"定义图案"命令，重命名图案，如图 6-23 所示。

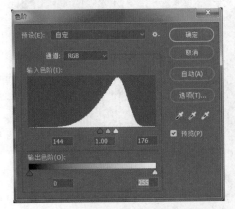
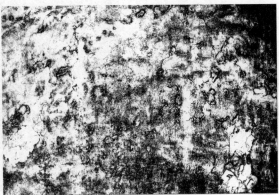

图 6-23　处理素材

04 将纹理应用到文字效果上。打开"图层样式"对话框，选择"图案叠加"选项，选择上一步定义好的纹理。效果看上去过于强烈，将"混合模式"设置为"点光"，参数和效果图如图 6-24 所示。

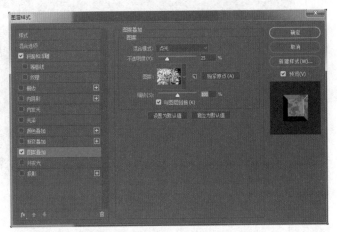

图 6-24　设置图案叠加参数

05 为文字添加颜色。打开"图层样式"对话框，选择"颜色叠加"选项。颜色值为 #457ea5，将不透明度设置为 60%。参数和效果图如图 6-25 所示。

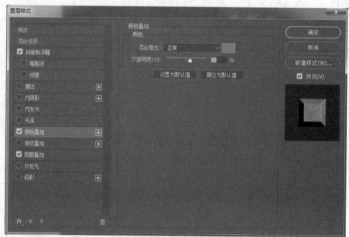

图 6-25　调整整体色调

06 细节处理。斜面和浮雕中的阴影和高光没有达到想要的效果，再调整一下高光和阴影的颜色。将色值分别设置为 #13fffc 和 #005780，参数和效果图如图 6-26 所示。

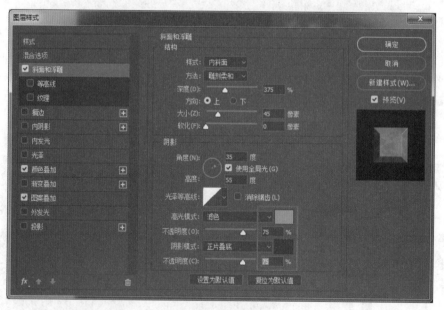

图 6-26　细节处理

07 增加立体感。现在图片整体看起来还是比较扁平，没有立体感，需要再创建一层斜面和浮雕效果来增强立体感。选中"图层 1"，按【Ctrl+J】组合键复制图层，删除拷贝图层的图层样式效果，并将其填充度设置为 0。再将"图层 1"的图案叠加效果拖动到拷贝图层上，效果图如图 6-27 所示。

图 6-27　复制图层和图层样式

08 修改颜色叠加。将"图层 1"的颜色叠加不透明度修改为 100%，如图 6-28 所示。

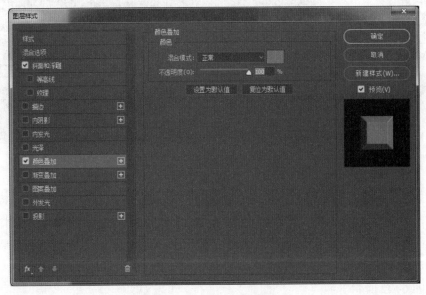

图 6-28　修改颜色叠加

09 添加纹理。打开"图层 1 拷贝"图层的"图层样式"对话框，选择"斜面和浮雕"的"纹理"选项。这样会使纹理有略微凸起的效果，参数和效果图如图 6-29 所示。

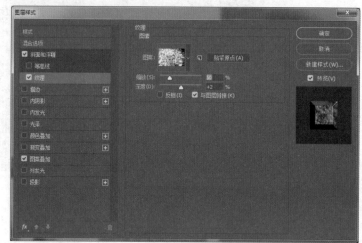

图 6-29　添加纹理

10 调整斜面和浮雕。通过调整"图层 1 拷贝"图层的斜面和浮雕的参数，使文字的立体感更加突出，将色值分别设置为 #5bcd2 和 #164353，参数和效果图如图 6-30 所示。

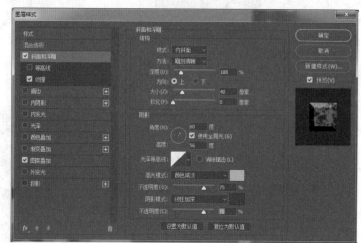

图 6-30　调整斜面和浮雕参数

11 增加明暗对比。为了增加文字上下部分的明暗对比，在"图层 1 拷贝"图层样式中选择"渐变叠加"选项，将混合模式设置为"正片叠底"，参数和效果图如图 6-31 所示。

12 添加投影。选中"图层 1"，选择"投影"选项，为其添加投影效果，参数和效果图如图 6-32 所示。

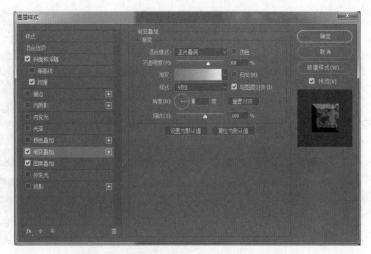

图 6-31　增加明暗对比

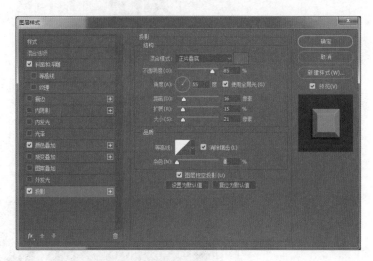

图 6-32　添加投影

13 添加高光。按【Ctrl+J】组合键复制"图层 1 拷贝"图层，去掉图层样式，并将填充度设置为 0（参照步骤 7）。双击"图层 1 拷贝 2"图层，选择"渐变叠加"选项，其中白色部分就是我们需要调亮的区域，此时的混合模式为"颜色减淡"，参数和效果图如图 6-33 所示。

14 添加描边。继续选择"描边"选项，使文字的轮廓更加清晰。比较亮的轮廓可以区分文字与阴影，从而更加凸显文字。色值设置为 #30aadc，参数和效果图如图 6-34 所示。

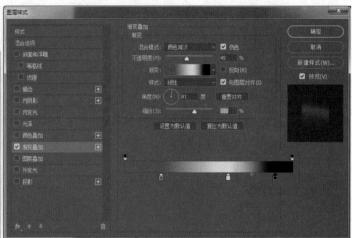

图 6-33　添加高光

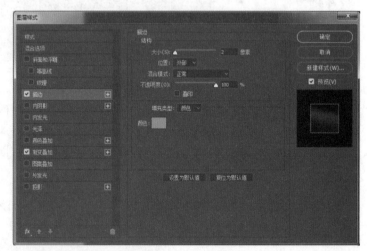

图 6-34　添加描边

15 输入文字。利用"横排文字工具"输入"Galaxy Era"，在"文本"属性栏中设置字体和字号，然后复制 2 个文本图层，参数和效果图如图 6-35 所示。

图 6-35　输入文字

16　复制图层样式。选中"图层 1"，右击并选择"拷贝图层样式"命令；选中"Galaxy Era"文字图层，右击并选择"粘贴图层样式"命令。步骤同上，其他两个文字图层也进行拷贝图层样式，效果图如图 6-36 所示。

图 6-36　效果图

图 6-36　效果图（续）

2. 置入背景

由于是游戏主题的文字特效，背景采用一张宇宙星空图作为封面，考虑到要与文字颜色搭配适当，所以筛选了一张右下角有恒星、大面积蓝色调背景的照片。

选择摄影照片作为素材，即便素材照片在构图、布光、色调处理上很完美，也不一定适合设计需求，所以，一般情况下，都需要重新对素材进行裁切、调色、细节修饰，以满足设计的需要。

01 打开素材"星空 .jpg"（素材文件路径：目标文件 \ 项目 06\ 任务 2\ 特效字制作 \ 星空 .jpg ），把图片拖拽到文件中，生成"图层 3"，并按【Ctrl+T】组合键调整图片大小和位置，效果如图 6-37 所示。

图 6-37　置入背景

02 打开素材"光线 1.png"（素材文件路径: 目标文件\项目 06\任务 2\特效字制作\光
线 1.png）和"光线 2.png"（素材文件路径：目标文件\项目 06\任务 2\特效字制作
\光线 2.png），把图片拖拽到文件中，生成"图层 4"和"图层 5"，并按【Ctrl+T】
组合键调整图片大小和位置，将"图层 4"和"图层 5"的模式改为"滤色"，最终
效果图如图 6–38 所示。

图 6–38　最终效果

小 贴 士

1. 在 Photoshop CC 2017 的文字编辑中，"仿粗体"格式设置的文字图层不
能变形，不含轮廓数据的字体（如位图）的文字图层也不能变形。

2. 某些命令和工具（如滤镜效果和绘画工具）不可用于文字图层，必须在
应用命令或使用工具之前栅格化文字；栅格化将图层转换成普通图层，并使其内
容不能再作为文本编辑。

3. 对于多通道、位图或索引颜色模式的图像，将不会创建文字图层，因为
这些模式不支持图层。在这些模式中，文字将以栅格化文本的形式出现。

能力拓展

请为 open 字体设计精美的绿色水晶特效字，参考效果如图 6-39 所示。

图 6-39　绿色水晶特效字

任务三　文字版式编排

课前学习工作页

1. 扫一扫二维码观看相关视频，并完成下面的题目。

创建文字状选区　　把文本转成工作路径　　把文本转换为形状　　创建 3D 文字

（1）使用（　　）工具，能够创建文字状选区。

　　A. 横排文字工具　　　　　　　　　　B. 直排文字工具

　　C. 横排文字蒙版工具　　　　　　　　D. 图案图章工具

（2）段落文字的排版方式有（　　）、居中对齐文本、右对齐文本。

　　A. 上对齐文本　　　B. 左对齐文本　　　C. 下对齐文本　　　D. 首行缩进 2 字

（3）调整文字大小，选取文字后，按住【Shift+Ctrl】键并连续按下【>】键，能够以 2 点为增量将文字调大，按下（　　）键，则以 2 点为增量将文字调小。

　　A.【Shift+Ctrl+>】　B.【Ctrl+Shift+I】　C.【Ctrl+M】　　　D.【Ctrl+L】

2. 完成下列操作：

（1）打开一张图片，尝试创建文字状选区。

（2）打开一张图片，尝试把文本转成工作路径。

（3）打开一张图片，尝试把文本转换为形状。

（4）打开一张图片，尝试创建 3D 文本。

课堂学习任务

母亲节（Mother's Day），是一个感谢母亲的节日，这个节日最早出现在古希腊；而现代的母亲节起源于美国，是每年 5 月的第二个星期日。敬重母亲，弘扬母爱的母亲节，在中国已成为一个约定俗成的节日，到了现在，每年五月第二个星期日的母亲节已经成为一个公众必过的节日。

小明初次学习 Photoshop 软件的文字工具，下课期间，听到同学们谈论母亲节送礼物的事情，小明已经打算订一个蛋糕送给妈妈，受到同学们的启发，他突发奇想，能不能利用自己刚学的知识制作一张贺卡跟蛋糕一起送给妈妈？说做就做，赶紧动手来实现吧。最终效果如图 6-40 所示。

图 6-40　最终效果图

学习重点和学习难点

学习重点	文字状选区、文本转换成工作路径、文本转换成形状、3D 文本
学习难点	根据具体需求进行针对性的文字排版设计

任务实施

母亲节贺卡设计

1. 贺卡背景图案设计

对母亲节贺卡的设计，首先在色彩上应该能表现出女性的特性，因此采用了紫色，让贺卡显得色调高雅。母亲们在这一天通常会收到礼物，年轻人会返家，送给母亲一些小礼物或鲜花。因此在背景图案上主要选择了花为主体图案。

01 创建文件。打开 Photoshop CC 2017，按【Ctrl+N】组合键新建画布，设置文件大小和分辨率，如图 6-41 所示。

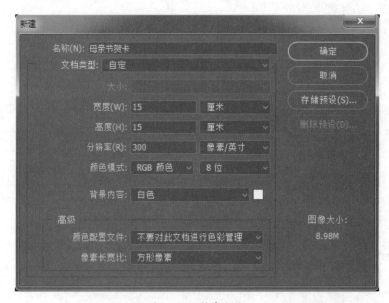

图 6-41　创建文件

02 绘制贺卡边框。新建"图层 1"，选择"矩形选框工具"绘制一个矩形，填充颜

色值为 #b7b8d0，取消选区。继续使用"矩形选框工具"绘制矩形，然后按【Delete】
键删除，效果图如图 6-42 所示。

图 6-42　绘制边框

03 绘制矩形。新建"图层 2"，选择"矩形选框工具"绘制矩形，执行"编辑"|"描
边"命令，参数设置如图 6-43 所示。

图 6-43　绘制矩形

04 绘制圆形。新建"图层 3"，选择"椭圆选框工具"绘制大小不同的圆形，填充
颜色值为 #f5dfe5，调整"图层 2"的不透明度为 34%，效果图如图 6-44 所示。

图 6-44　绘制圆形

05 置入素材。打开素材"边框.psd"（素材文件路径：目标文件\项目06\任务3\文字版式编排\边框.psd），将素材里的两个图形分别拖拽到文件中，生成"图层 4"和"图层 5"，并按【Ctrl+T】组合键，调整大小和位置，在"图层"控制面板调整"图层 4"和"图层 5"的不透明度，效果图如图 6-45 所示。

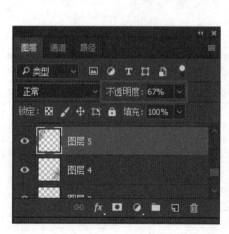

图 6-45　置入素材

2. 文字排版

通过添加适量的文字让贺卡显得更加饱满，文字可以传达信息，增加图片或版面的吸引力，起到深化主题的作用。文字的添加不在于多，也不在于华丽，但却需要帮助版式更好地传达主题与信息，使贺卡显得更加美观和均衡。

01 输入文字。选择"横排文字工具" ，输入文字：母亲节快乐。在文字上单击并选择文字，单击"字符"面板 ，参数和效果图如图6-46所示。

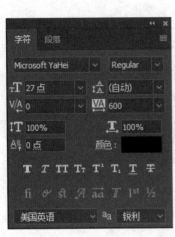

图 6-46　输入文字

02 文字变形。在文字上单击并选择文字，执行"文字"|"文字变形"命令。参数和效果图如图6-47所示。

图 6-47　文字变形

03 绘制图形。在文字图层下新建"图层6"，选择"椭圆选框工具"，按住【Shift】键绘制圆形，填充颜色值 #b697d2。保持选区，执行"选择"|"修改"|"扩展"命令，参数设置10像素，执行"编辑"|"描边"命令，参数和效果图如图6-48所示。

图 6-48　绘制图形

04 复制图层。按【Ctrl+J】组合键连续复制"图层 6"，在画面中调整复制图形的位置。在文字上单击并选择文字，修改文字颜色为白色，效果图如图 6-49 所示。

图 6-49　复制和移动图层

05 输入英文。选择"横排文字蒙版工具"在画面单击，输入文字：Mother's Day，创建文字选区。在文字上单击并拖动鼠标选择文字，执行"文字"|"文字变形"命令。新建 "图层 7"，执行"编辑"|"描边"，颜色值为 #daa0b7，参数和效果图如图 6-50 所示。

06 创建文本框。选择"横排文字工具"，颜色值为 #b697d2，单击并拖动鼠标创建一个文本框，输入文字，效果图如图 6-51 所示。

图 6-50　输入英文

图 6-51　创建文本框

07 调整文字参数。在文字上单击并选择文字，单击"字符"面板▤，设置参数，最终效果图如图 6-52 所示。

 小 贴 士

1. 调整字间距时，选取文字后，按住【Alt】键并连续按【→】键可以增加字间距；按下【Alt+←】组合键，则减小字间距。

2. 调整行间距，选取多行文字后，按住【Alt】键并连续按【↑】键可以增加行间距；按下【Alt+↓】组合键，则减小行间距。

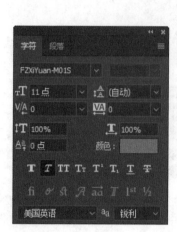

图 6-52　最终效果图

能力拓展

请为泸沽湖设计旅游宣传海报。图片先进行简单的合成处理，并调整色调，然后对文字进行排版设计，泸沽湖旅游宣传海报如图 6-53 所示。

图 6-53　泸沽湖旅游宣传海报

项目展示与评价

请完成下表，对作品进行展示和评估。

项目评估表

职业能力	项目完成情况	存在问题	自评	互评	教师评价
文字创建与编辑能力					
文字特效能力					
文字排版能力					
创新能力					
团队协作能力					
自主学习能力					
成绩					
签字					

注：评价结果用A、B、C、D四个等级表示，A为优秀，B为良好，C为合格，D为不合格

项 目 小 结

本项目通过碎片化的微视频详细介绍了 Photoshop 软件创建点文字、路径文字、段落文字、区域文字；文字变形、自由变形、操控变形、液化变形；文字状选区、文本转换成工作路径、文本转换成形状、3D 文本等的使用方法。让学生在课前便可以轻松学会创建点文字、路径文字、段落文字、区域文字；文字变形、自由变形、操控变形、液化变形；文字状选区、文本转换成工作路径、文本转换成形状、3D 文本等问题，进行文字的设计、特效、排版等应用。在课前自学过程中，通过课前练习题巩固基本操作的技术点和快捷键，带着自学中未能解决的问题到课堂，老师与学生一起解决问题。课堂上，再通过三个实际案例把技术操作点上升到实际应用中，让学生学以致用，真正解决工作中的设计任务。

综合作品设计

平面设计中将设计理论和设计方法结合起来的综合应用，是进一步尝试提高视觉表现力的可能性，力图从更多的方向寻找表现创意的技巧，寻求最优化的图像组合手法。深入考虑平面设计作品中，图形、文字、色彩、版式等设计元素之间的关系，从而获得最佳的视觉效果。本项目通过三个企业实际案例：提拉米苏私房蛋糕海报设计；儿童 iPad 游戏界面设计；手游 UI 界面设计。分别介绍海报设计的方法、游戏界面的设计技巧及 UI 界面的综合设计方法。通过本项目的系统学习，可以掌握平面设计的综合应用的方法，以及平面设计在新媒介 iPad 和手机上的界面设计应用。

项目目标

知识目标	技能目标	职业素养
➢ 掌握图形、文字、色彩、版式的相关知识 ➢ 学习亮度 / 对比度、色彩平衡、渐变工具等色彩工具 ➢ 学习图层蒙版、图层样式等图层效果工具 ➢ 学习钢笔工具、套索工具、描边工具、加深工具、画笔工具等绘图工具	➢ 利用色彩调整命令调整图片的色调和色彩 ➢ 利用绘图工具绘制所需图形	➢ 自主学习能力 ➢ 团队协作能力

项目任务

任务一：海报设计
任务二：网页界面设计
任务三：UI 界面设计

任务一　海报设计

 课堂学习任务

"提拉米苏私房蛋糕"委托多媒体工作室设计一张海报，宣传蛋糕坊的促销活动。多媒体工作室接到任务，第一件事情就是先对原始文字资料和图片资料进行筛选分类，在客户提供的多张原始照片中，选出合适的照片，通过 Photoshop 软件对其进行较色、调色，才能进一步设计。下面就以蛋糕坊的海报设计为例，详细介绍 Photosho CC 2017 如何设计促销海报。最终效果如图 7-1 所示。

图 7-1　最终效果图

学习重点和学习难点

学习重点	亮度 / 对比度、色彩平衡、渐变工具、图层蒙版、钢笔工具、文字工具、图层样式
学习难点	图形、文字、色彩、版式等设计元素之间的组合关系。

任务实施

提拉米苏私房蛋糕海报设计

1. 照片素材的筛选

由于是蛋糕坊的促销海报，设计上打算采用一张促销蛋糕的照片作为主要图像，在颜色上采用食品色中的黄色调。

2. 图片调色

通过对拍摄照片的分析，发现照片中的阶调集中在中间调，暗调不够暗，亮调不够亮，所以照片显得灰蒙蒙，色彩的饱和度不够。可以采用"色阶"或"亮度 / 对比度"命令重新调整照片的色调。由于阴天拍摄，照片的颜色不够鲜艳，特别是天空的颜色不够饱和，可以采用"色彩平衡"或"色相/饱和度"命令调整照片的饱和度。

01 调整图像亮度。打开素材"蛋糕.jpg"（素材文件路径：目标文件\项目07\任务1\海报设计\蛋糕.jpg）执行"图像"|"调整"|"亮度/对比度"命令，提高画面的亮度，参数和效果图如图7-2所示。

图 7-2　调整图像亮度

02 增强画面的整体鲜艳度。按【Ctrl+B】组合键打开"色彩平衡"命令，滑动"青色""洋红""黄色"三角形滑杆，调整图片的色彩，参数和效果图如图7-3所示。

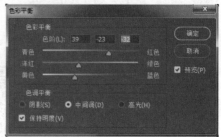

图 7-3　调整图像色调

3．海报的排版

设计师把后期处理好的素材图片放置在海报的醒目位置，符合人们的视觉流程，搭配促销的文字设计；画面中的背景色和文字的用色都来源于蛋糕图片中的原色，使得画面色调统一、和谐。

01 创建文件。打开 Photoshop CC 2017，按【Ctrl+N】组合键新建画布，设置文件大小和分辨率，效果图如图7-4所示。

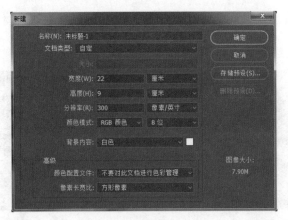

图 7-4　创建文件

02 创建渐变图像。新建"图层 1"，单击"渐变工具"，在"渐变编辑器"窗口设置线性渐变色标值从 #d3a78b 到 #ead5bb，单击并由上拉到下生成图像，参数和效果图如图 7-5 所示。

图 7-5　创建渐变图像

03 粘贴素材图片。打开素材"蛋糕 .png"（素材文件路径：目标文件 \ 项目 07\ 任务 1\ 海报设计 \ 蛋糕 .png）复制粘贴过来自动生成"图层 2"，效果图如图 7-6 所示。

图 7-6　粘贴素材图片

04 创建图层蒙版。单击图层面板的"添加图层蒙版"按钮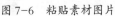创建图层蒙版，选择

线性渐变色从黑到白，在图层蒙版中将鼠标从素材图片右边边缘拉向左边，效果图如图 7-7 所示。

图 7-7　创建图层蒙版

05　绘制圆形。新建"图层 3"，选择"椭圆工具"同时按【Shift】键绘制圆形，填充颜色值为 #68200b，效果图如图 7-8 所示。

图 7-8　绘制圆形

06　绘制图形。选择"多边形套索工具"在画面中圆形的右上方圈选，并按【Delete】键删除。新建"图层 4"，选择"钢笔工具"绘制图形，填充颜色值为 #bf7116。选择"横排文字工具"输入文字并生成文字图层，效果图如图 7-9 所示。

图 7-9　绘制图形和输入价格

07 输入主标题。选择"横排文字工具"输入文字并生成文字图层，字体参数和效果图如图 7-10 所示。

图 7-10　输入主标题

08 绘制渐变。选择"魔棒工具"，同时按【Shift】键依次单击圈选"提拉米苏"四个文字里面的空白处。保留选区，然后新建"图层 5"，单击"渐变工具"，在"渐变编辑器"窗口设置线性渐变色标值从 #d3a78b 到 #ead5bb，单击鼠标由上拉到下生成图像，参数和效果图如图 7-11 所示。

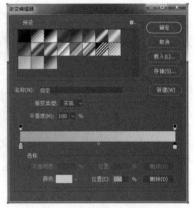

图 7-11　绘制渐变

09 设置图层样式。双击"提拉米苏"文字图层，选中"描边"和"投影"选项，参数和效果图如图 7-12 所示。

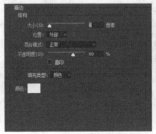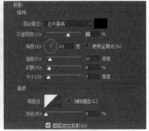

图 7-12　设置图层样式

10 绘制矩形。选择"矩形选框工具"绘制矩形，填充颜色值为 #68200b，效果图如图 7-13 所示。

图 7-13　绘制矩形

11 输入文字。选择"横排文字工具"输入文字并生成文字图层，设置字体颜色为白色。继续选择"横排文字工具"输入文字，设置文字颜色为 #68200b，效果图如图 7-14 所示。

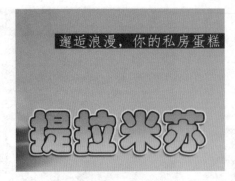

图 7-14　输入文字

12 绘制图形。新建"图层 6"，选择"钢笔工具"绘制图形，按【Ctrl+Enter】组合键载入选区，填充颜色值为 #94570f，效果图如图 7-15 所示。

图 7-15　绘制图形

13 文字变形。选择"横排文字工具"输入文字并生成文字图层，设置字体颜色为#4c1102。使用"横排文字工具"圈选文字，执行"文字"丨"文字变形"命令，参数和最终效果如图7-16所示。

图7-16　文字变形

能力拓展

请为乐韵琴行设计一张宣传海报。乐韵琴行主营：钢琴、小提琴、吉他、架子鼓等，是一家集销售、艺术培训、维修为一体的综合性专业音乐机构，海报设计如图7-17所示。

图 7-17　海报设计

任务二　网页界面设计

课堂学习任务

　　游戏公司委托本系多媒体工作室设计"我的海洋游乐园"儿童益智游戏界面，在 iPad 上应用的游戏。多媒体工作室接到任务，第一件事情就是先对原始文字资料和图片资料进行分析，最终确定了苹果手绘风格平面游戏界面。因为是制作儿童风格 iPad 游戏界面，所以画面的色调调整为色彩鲜明的蓝色调，搭配可爱的海豚卡通形象。最终效果如图 7-18 所示。

图 7-18　最终效果图

学习重点和学习难点

学习重点	渐变工具、钢笔工具、椭圆选框工具、加深工具、画笔工具、圆角矩形工具、图层样式、横排文字工具
学习难点	卡通形象与背景图形、按钮的和谐搭配，可爱、趣味性风格的统一

任务实施

儿童 iPad 游戏界面设计

1．绘制图形

设计师把色调定为色彩鲜明的蓝色调，再搭配背景的椰树造型元素使画面显得简洁大方。画面中的可爱海豚的造型和用色都来源于游戏中的造型和颜色，使得画面明快、和谐。

01 创建文件。打开 Photoshop CC 2017，按【Ctrl+N】组合键新建画布，设置文件大小和分辨率，效果图如图 7-19 所示。

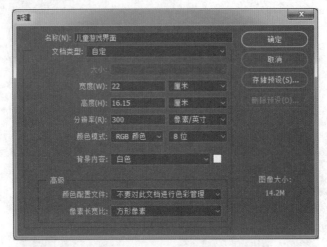

图 7-19　创建文件

02 创建渐变图像。新建"图层 1"，单击"渐变工具"图标，在"渐变编辑器"设置线性渐变色标值从 #34a5d4 到 #8ad8f9，单击鼠标由上拉到下生成图像，参数和效果图如图 7-20 所示。

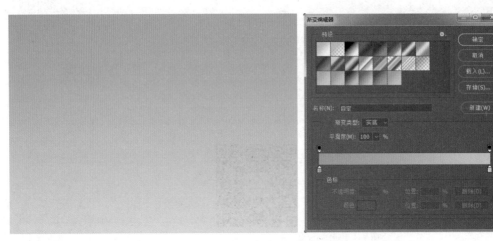

图 7-20　创建渐变图像

03 粘贴素材图片。打开素材"树 .png"（素材文件路径：目标文件\项目 07\任务 2\网页界面设计\树 .png），拖动素材自动生成"图层 2"，按【Ctrl+T】组合键调整大小，效果图如图 7-21 所示。

04 创建渐变图像。新建"图层 3"，选择"钢笔工具"绘制图形，然后选择"渐变工具"，在渐变编辑器设置线性渐变色标值从 #063668 到 #21aff8，单击并由上拉到下生成图像，参数和效果图如图 7-22 所示。

图 7-21　粘贴素材图片

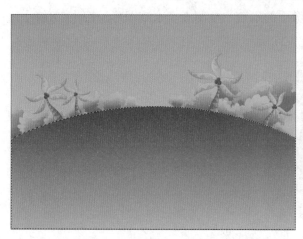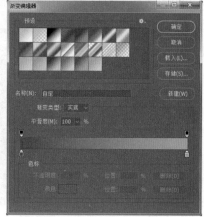

图 7-22　创建渐变图像

05 绘制海豚身体。新建"图层 4"，选择"钢笔工具"绘制图形，填充颜色值为 #fbcce0。设置前景色为 #f68ab8，选择"画笔工具"在海豚身上涂抹，效果图如图 7-23 所示。

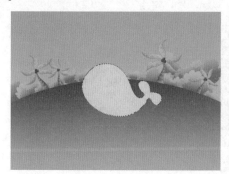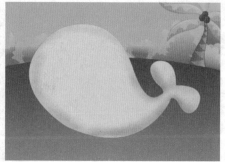

图 7-23　绘制海豚身体

06 绘制海豚五官。新建"图层 5"，选择"椭圆选框工具"在图像中绘制圆形，填充白色。继续绘制圆形，填充黑色作为海豚的眼睛。选择"钢笔工具"绘制嘴巴图形，填充黑色，效果图如图 7-24 所示。

图 7-24　绘制海豚五官

07 绘制水滴。新建"图层 6"，选择"钢笔工具"绘制水滴图形，填充颜色值为 #99ffff。按住【Alt】键同时拖动图像中的水滴，复制 5 个水滴图形；按【Ctrl+T】组合键调整大小和位置，效果图如图 7-25 所示。

图 7-25　绘制水滴

08 刻画图形细节。选择"加深工具"在海豚身体下方的水滴涂抹，刻画暗部。在"图层 5"下面新建"图层 7"，选择"画笔工具"在海豚身体下面涂抹绘制投影，效果图如图 7-26 所示。

图 7-26　绘制细节

09 绘制圆形。新建"图层 8",选择"钢笔工具"绘制不同形状的圆形,分别填充不同的颜色,效果图如图 7-27 所示。

图 7-27　绘制圆形

10 输入文字。选择"横排文字工具"输入文字并生成文字图层,填充字体颜色为白色。双击文字图层,在"图层样式"面板选择"投影"选项,效果图如图 7-28 所示。

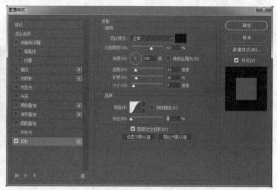

图 7-28　输入文字

2. 制作按钮

在界面设计中,按钮的设计和位置非常重要,它直接决定着用户对整体游戏的了解和选择,针对当前游戏界面的视图内容,本项目的按钮放在画面的下侧。

01 绘制圆角矩形。新建"图层 9",选择"圆角矩形工具"绘制圆角矩形,设置线性渐变色标值从 #1e62ad 到 #11326e,单击并由上拉到下生成图像,效果图如图 7-29 所示。

图 7-29　绘制圆角矩形

02 设置图层样式。双击"图层 9"，在"图层样式"面板选择"内阴影"和"投影"选项，效果图如图 7-30 所示。

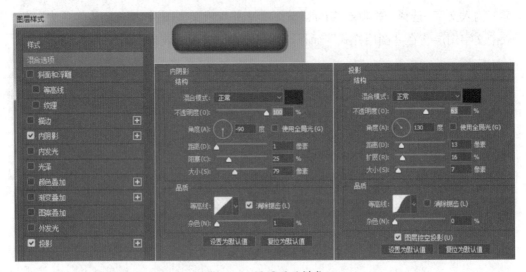

图 7-30　设置图层样式

03 绘制渐变图形。新建"图层 10"，选择"圆角矩形工具"绘制圆角矩形，设置线性渐变色标值从 # ab8828 到 # 613e0a，单击并由上拉到下生成图像，效果图如图 7-31 所示。

04 输入文字。选择"横排文字工具"输入文字并生成文字图层，填充字体颜色为白色。双击文字图层，在"图层样式"面板选择"外发光"和"投影"选项，效果图如图 7-32 所示。

05 绘制圆形。参照步骤 01~04，利用相同的方法继续绘制右边按钮图形和输入文字，最终效果图如图 7-33 所示。

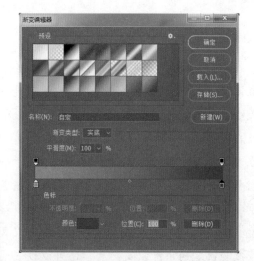

图 7-31　绘制渐变图形

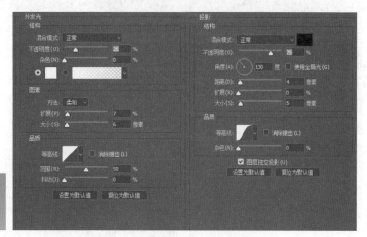

图 7-32　输入文字

图 7-33　绘制按钮和输入文字

小 贴 士

1. "加深工具"是用来对局部的颜色进行加重的工具。单击"加深工具"后，在图像上有一圆圈，按住左键不放就可进行加深操作。使用时要根据加深部位的大小设置画笔的主直径，一般设置稍大些为宜。另外要注意画笔的硬度设置，一般放在最小为宜。再就是曝光度的设置最为关键，一般设置不要超过 15 为宜，这样在进行加深操作时可以循序渐进，不至于一上去就将颜色加得太深而失败。至于操作时的手法，一般是画圆圈，也可以横竖涂抹，但画圈比较自然。加深处理最重要的是效果自然。

2. "画笔工具"的功能非常强大，打开"画笔"面板，可以选择"画笔预设"选项，改变画笔的角度以及圆度。还可以设置间距，调节过的笔刷比默认的笔刷更好用。通过"预设管理器"不但可以方便地载入笔刷，还可以很方便地导出自设的笔刷。这样保存起来就能在别的计算机上工作了。

能力拓展

请为游戏公司"我的海洋游乐园"儿童益智游戏设计游戏图标，游戏图标样例如图 7-34 所示。

图 7-34 游戏图标

任务三 UI 界面设计

 课堂学习任务

多乐游戏公司委托本系多媒体工作室设计一款休闲类手机游戏界面，这款游戏名称为水果消消乐，是经典的手机消除类型的游戏。多媒体工作室接到任务，第一件事情就是先对游戏资料进行市场调研和分析，然后制定设计方案。本项目的画面主要采用暖色调，给人温馨的视觉感受，通过图层样式的应用来制作消除手机游戏界面的各种元素。最终效果如图 7-35 所示。

图 7-35　最终效果图

学习重点和学习难点

学习重点	渐变工具、图层样式、多边形套索工具、描边工具、图层蒙版、横排文字工具
学习难点	手机界面中水果元素、背景颜色、按钮的和谐统一，符合大众的需求

任务实施

绘制界面图形

设计师把设计好的水果素材在画面合理搭配，再搭配几何造型的按钮使画面既简洁又富有设计形式感。大面积的暖色调，给受众以温馨感。

手游 UI 界面设计

01 创建文件。打开 Photoshop CC 2017，按【Ctrl+N】组合键新建画布，设置文件大小和分辨率，效果图如图 7-36 所示。

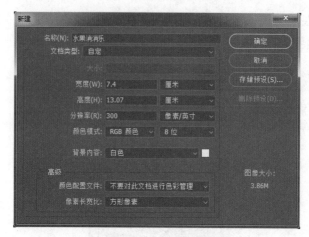

图 7-36　创建文件

02 创建渐变图像。新建"图层 1"，单击"渐变工具"按钮，在"渐变编辑器"设置线性渐变色标值从 #f5d28d 到 # 763c21，单击鼠标由上拉到下生成图像，参数和效果图如图 7-37 所示。

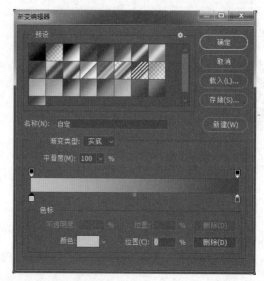

图 7-37　创建渐变图像

03 粘贴素材图片。打开素材木纹 .jpg（素材文件路径：目标文件 \ 项目 07\ 任务 3\UI 界面设计 \ 木纹 .ipg），拖拽过来自动生成"图层 2"，将图层混合模式设置为"正片叠底"。打开素材石榴 .png（素材文件路径：目标文件 \ 项目 07\ 任务 3\UI 界面设计 \ 石榴 .png），将素材复制粘贴生成新图层，重命名为"石榴"，按【Ctrl+T】组合键调整石榴的大小，双击"石榴"图层，在"图层样式"面板选择"投影"选项，投影颜色值为 # 232323，参数和效果图如图 7-38 所示。

图 7-38　粘贴素材

04　继续粘贴素材。打开素材苹果 .png、葡萄 .png、樱桃 .png、香瓜 .png、芒果 .png 和梨子 .png（素材文件路径：目标文件 \ 项目 07\ 任务 3\UI 界面设计 \），依次拖动到当前图像中，生成"图层 4"～"图层 9"，按【Ctrl+T】组合键调整各种水果的大小。右击"石榴"图层，执行"拷贝图层样式"命令，按住【Shift】键同时选择"图层 4"～"图层 9"，然后右击"粘贴图层样式"，参数和效果图如图 7-39 所示。

05　复制水果。按住【Alt】键同时用鼠标拖动图像中的梨子，进行复制；利用相同的方法复制石榴和苹果，并按【Ctrl+T】组合键调整大小，效果图如图 7-40 所示。

图 7-39　粘贴和调整素材　　　　图 7-40　复制水果

06 绘制按钮图形。新建"图层 11"，选择"多边形套索工具"绘制图形，填充颜色值为#eb3b12。双击"图层 11"，在"图层样式"面板选择"斜面和浮雕"和"描边"选项，参数和效果图如图 7-41 所示。

图 7-41 绘制图形

07 绘制圆形。新建"图层 12"，将前景色设置为黑色，选择"椭圆选框工具"按钮，按【Shift】键绘制圆形，执行"编辑"|"描边"命令，参数和效果图如图 7-42 所示。按住【Ctrl】键并单击"图层 12"，按【Shift+Ctrl+I】组合键进行反选，回到"图层11"，单击"添加图层蒙版"按钮，将圆形嵌入到该按钮中，效果图如图 7-42 所示。

图 7-42 绘制圆形

08 添加图层样式。双击"图层 12"，在"图层样式"面板选择"斜面和浮雕"选项，参数和效果图如图 7-43 所示。

09 继续绘制按钮图形。参照步骤 06~08，利用相同的方法继续绘制两个按钮图形，填充的颜色值分别为#eab935 和 #c2d017，效果图如图 7-44 所示。

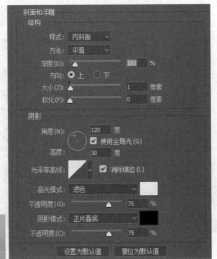

图 7-43　添加图层样式　　　　　　　　　图 7-44　绘制图形

10 输入文字。选择"横排文字工具"输入文字，填充颜色为白色，双击文字图层，在"图层样式"面板选择"投影"选项，参数和效果图如图 7-45 所示。利用相同的方法继续输入文字，生成文字图层，并设置图层样式，效果图如图 7-45 所示。

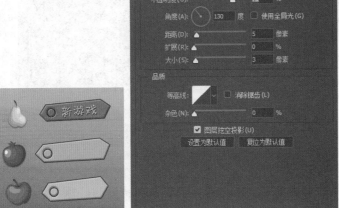

图 7-45　输入文字

11 输入游戏名称。选择"横排文字工具"输入文字，填充颜色为 #eb6e12，双击文字图层，在"图层样式"面板选择"斜面和浮雕""描边"和"投影"选项，参数和效果图如图 7-46 所示。

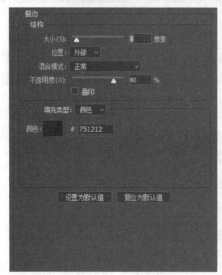

图 7-46　输入游戏名称

小 贴 士

1. "图层样式"又称图层效果，是一种为图层添加特效的特殊功能，能够让平面的图像和文字呈现立体效果，还能生成真实的投影、光泽和图案。图层样式需要在"图层样式"对话框中设置。

2. "形状工具组"包含矩形工具，圆角矩形工具，椭圆工具，多边形工具，直线工具，自定义形状工具。可以利用形状图层转换为选区进行颜色填充，再做图层样式得到特殊效果。可以说，形状就是选区，我们可以用选区的操作方法做出自己想要的图形。

能力拓展

请设计天气图标。画面中结合各种形状工具，通过运用清爽的背景，使天气图标更具有清新的效果，天气图标如图 7-47 所示。

图 7-47　天气图标

项目展示与评价

请完成下表，对作品进行展示和评估。

项目评估表

职业能力	完成任务情况	存在问题	自评	互评	教师评价
照片调色能力					
修饰照片瑕疵能力					
产品修图能力					
创新能力					
团队协作能力					
自主学习能力					
成绩					
签字					

注：评价结果用 A、B、C、D 四个等级表示，A 为优秀，B 为良好，C 为合格，D 为不合格。

项 目 小 结

本项目介绍了 Photoshop CC 2017 软件在平面设计制作中综合设计的使用方法，通过绘图工具组、路径工具组、渐变工具的使用方法、加深工具、画笔工具组、文字工具等的使用方法，让学生在三个实际案例的练习中把技术操作点上升到实际综合应用中，让学生学以致用，真正解决工作中的设计任务。